KB103508

봄샘과 함께 떠나는 4박5일

울릉도 차박여행

정새봄 지음

봄샘과 함께 떠나는 4박5일

울릉도 차박여행

저자 소개

정새봄 작가는 커뮤니티 안에서 봄샘으로 활동하고 있다. 11년 차 공부방을 운영하는 원장이다. 또한 신입 원장님들을 대상으로 창업 컨설팅을 진행하는 컨설턴트이다. 부캐로는 40kg을 감량한 다이어터로 온라인 커뮤니티 안에서 다이어트 챌린지 리더로 활동하고 있다. 이와 더불어 취미생활로 20년간 캠핑을 해왔다. 바닥 캠핑(텐트)부터 시작하여 카라반, 캠핑카까지 두루 경험하였으나, 현재는 미니멀 캠핑을 위한 차박캠핑을 한다. 클린 캠핑을 추구하며, 머문 자리는 흔적을 남기지 않고 돌아오는 것이 추구하는 캠핑 스타일이다. 봄샘과 함께 떠나는 차박 여행 시리즈로 계속해서 전자책을 주제별로 출간할 계획이다.

2023년 6월 공부방의 일곱가지 비밀 전자책 출간

2023년 6월 나는 날씬한 사람이다. 전자책 출간

2023년 8월 지금, 잘하고 있어 에세이 공저 출간

2003년 8월 나랑 같이 에세이 쓰지 않을래? 출간

2023년 8월 봄샘과 떠나는 4박5일 울릉도 차박여행 출간

2023년 9월 6주만에 전자책 작가되기 출간

봄샘이 알려주는
공부방의 일곱가지 비밀
7
정새봄 지음
성공적인 공부방 11년 운영중
소자본창업 내집에서 월천벌기
전문적인 공부방 창업 컨설팅

나는 날씬한 사람이다
정새봄 지음

유페이퍼
나랑 같이 에세이 쓰지 않을래?
정새봄 지음
하루 매일 10분 글쓰기 Part 1

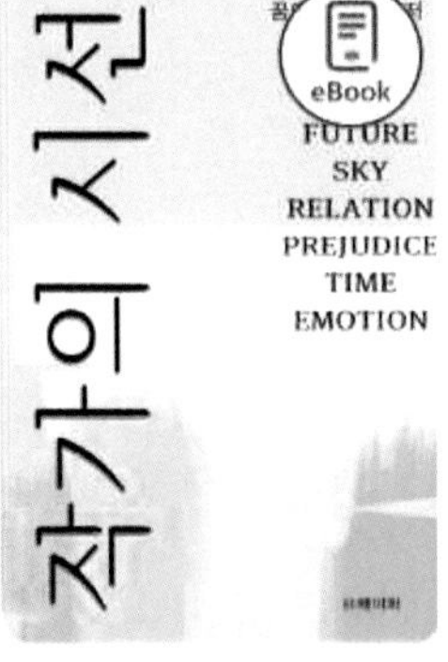
작가의 시선
eBook
FUTURE
SKY
RELATION
PREJUDICE
TIME
EMOTION

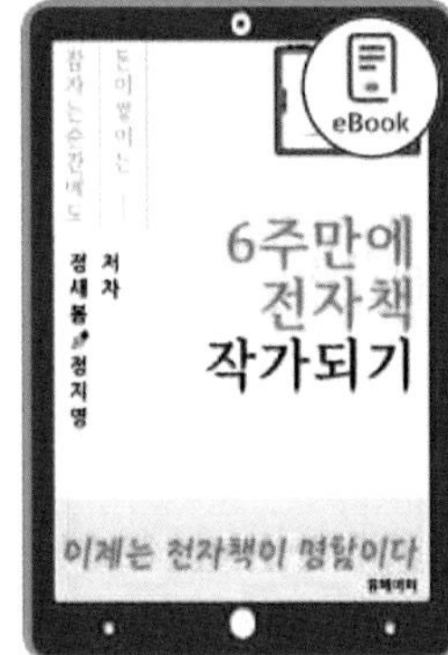
eBook
6주만에 전자책 작가되기
저자 정새봄 정지영
이제는 전자책이 명함이다
유페이퍼

꿈에모 1기 작가들의 이야기
지금, 잘하고 있어
나를 응원해 주는 시간
꿈안사 2023 프로젝트
“잘해왔고, 잘할거고, 앞으로 잘될거야!!”
유페이퍼

프롤로그

전국 이곳저곳을 누비며 차박여행을 다니는 것을 좋아하고, 국립공원 스탬프 투어를 즐긴다. 차박이 삶의 활력소로 자리 잡게 되었고, 혼자 떠나는 차박여행도 즐길뿐 아니라 차박 메이트와 함께 떠나는 여행도 좋아한다.

2022년에는 제주도로 차박여행을 다녀왔고, 2023년 올해 여름에는 버킷리스트인 울릉도 차박 여행을 다녀왔다.

입도하는 날 전자책을 쓰기로 다짐하고 울릉도 여러 곳을 다니며 멋진 절경에 감탄이 나올 때마다 많은 사람과 함께 나누고 싶은 마음이 간절했다.

모든 여행은 기록이 중요하다는 것을 알게 되었고, 그 기록으로 인해 지금, 이 전자책을 쓰기로 마음먹었다.

제주도 차박 여행에 이어 울릉도 여행을 동행 해준 솔뫼님에게 감사의 마음을 전한다. 나의 차박 메이트로서 오래오래 아프지 말고 평생 함께하기를 바라는 마음이다.

또한, 집돌이 남편 덕에 자유롭게 차박여행을 눈치보지 않고 다닐 수 있어서 감사하다. 늘 여행할 때 응원해 주고 매번 내가 전자책 쓸 때마다 퇴고와 검수 과정을 함께해 주어 고맙게 생각한다.

진정한 여행이란
새로운 풍경을 보는 것이 아니라
새로운 눈을 가지는 것이다.

-마르셀 프루스트-

목 차

여행의 시작
영덕 해맞이 공원에서 후포항까지
썬 플라워호에서

여행의 시작, 출발 전날

◈영덕 해맞이 공원에서 후포항까지◈

울릉도를 차박으로 가기 위해서는 차를 배에 선적하고 떠나야 한다. 그러려면 미리 한두 달 전부터 예약은 필수이다.

배편을 알아보다가 포항과 후포항 이 두 곳에서 출발하는 것을 알았고, 시간대를 비교해보았다.

여름휴가가 7월 29일 토요일부터 8월 4일 목요일까지여서 6일간의 일정으로 계획해야 했다. 그래서 하루를 동해의 영덕에서 보내고, 저녁 늦게 후포항으로 이동하여 1박을 계획하였다.

출발시간	포항 출발	울릉출발
대저해운	9시 20분	14시 20분
울릉크루즈	23시 50분	12시 30분
출발시간	**후포항 출발**	**울릉출발**
에이치해운	8시 15분	15시 30분

예약은 에이치해운 울릉썬플라워크루즈호 홈페이지에서 진행을 하였다.

www.jhferry.com

또한 모바일에서 가 보고 싶은 섬 어플을 설치해서 예약해도 된다.

▼에이치해운 울릉 썬크루즈▼가 보고 싶은 섬 어플

후포항 썬크루즈호 (3등 평실 / 카니발 선적 왕복)

<table>
<tr><td colspan="2">후포항-울릉(사동항)</td><td>80,650원(할인12,000원)</td></tr>
<tr><td colspan="2">울릉(사동항)-후포항</td><td>81,650원(할인12,000원)</td></tr>
<tr><td rowspan="2">카니발</td><td>후포항-울릉(사동항)</td><td>140,000원</td></tr>
<tr><td>울릉(사동항)-후포항</td><td>140,000원</td></tr>
<tr><td>요금</td><td colspan="2">418,300원</td></tr>
</table>

요금 할인은 때에 따라서 달라질 수 있으니 확인하여 미리 서둘러야 한다.

인터넷 예매는 최대 30%까지 할인이 적용되며 예매 시 할인 종류에 따라 '할인단가'로 나온다. 현장 발매 시에는 정상 요금으로 발매된다.

한 달 전에 예약을 완료하고 가벼운 마음으로 여행을 준비하였다. 이번 차박 여행에서는 나의 차박 여행 단짝인 솔뫼님과 함께했는데 각자의 차를 가져가기로 했다. 날씨가 더운 관계로 비용이 들더라도 쾌적하게 지내고 오자는 의견으로 모아졌다. 여행의 첫날, 우리는 영덕의 해맞이 공원에서 만나기로 하였다.

드디어 금요일, 일을 끝내고 길이 막힐 것을 대비해서 토요일 새벽에 일찍 출발하였는데, 고속도로가 여지없이 막혀서 꼼짝도 안했다.

경기 오산에서 천안까지 가는 데만 1시간 30분이 소요되었다. 경북 상주가 지나서야 서서히 길이 뚫리기 시작했다.

영덕 해맞이 공원은 2015년 메르스 때 공부방이 갑자기 휴원하고 혼자 답답한 마음에 놀러 온 이후로 처음이다. 그때는 혼자만의 여행을 즐기는 방법을 몰라서 어색해하다가 그냥 돌아갔던 기억이 난다.

영덕은 잠시 머물다 갈 예정이고 저녁에는 후포항으로 넘어가야 하기에 노트북으로 작업을 할 수 있는 카페에 들르기로 하였다.

이왕이면 바다를 감상하면서 커피까지 즐길 수 있는 곳이면 좋을 것 같아 검색해서 찾은 곳이 카페 <보움>이었다. 해맞이 공원에서 차로 5분거리도 안 될 만큼 가까이에 있다.

전면 통창으로 바다를 감상할 수 있고, 시그니처 잠자는 곰 케이크가 유명하다. 1층부터 3층까지 많은 사람을 수용할 수 있을 정도로 큰 대규모 카페이다. 무엇보다도 영덕의 바다를 편안하게 즐기며 한 눈에 담을 수 있다는 장점이 있다.

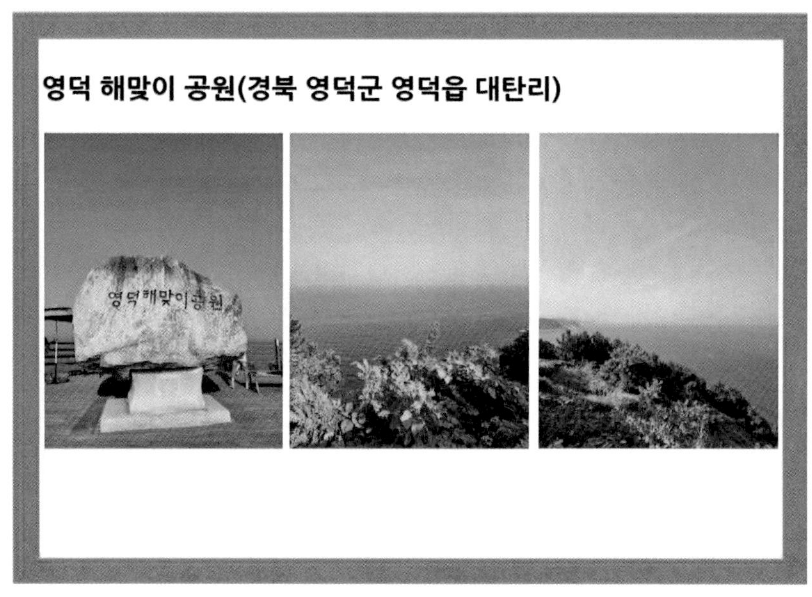

영덕 해맞이 공원(경북 영덕군 영덕읍 대탄리)
영덕해맞이공원

카페 보움(경북 영덕군 영덕읍 영덕대게로 928)

◈썬 플라워호에서◈

배에 차를 빨리 실으면 선적한 순서대로 나올 수 있기 때문에 스피드가 생명이다. 그래서 후포항 여객터미널에서 가까운 공영주차장에서 1박을 하기로 하였다. 화장실과 가까운 곳으로 정하고, 미리 동선까지 체크를 해두었다. 새벽 5시에 일어나기로 하고 5시 30분에 여객터미널에 가서 대기를 하기로 했다.

후포항의 공영주차장은 상당히 넓었으며, 화장실도 정말 깨끗하였다. 제주도에 가기 위해서 들렀던 목포 여객터미널과 비교했을 때 상당히 한적하고 깨끗한 편이었다. 화장실에 에어컨도 나오고 시설은 정말 끝내줬다. 덕분에 밤에 도착하여 잘 씻고 새벽에도 무리 없이 준비하고 갈 수 있었다.

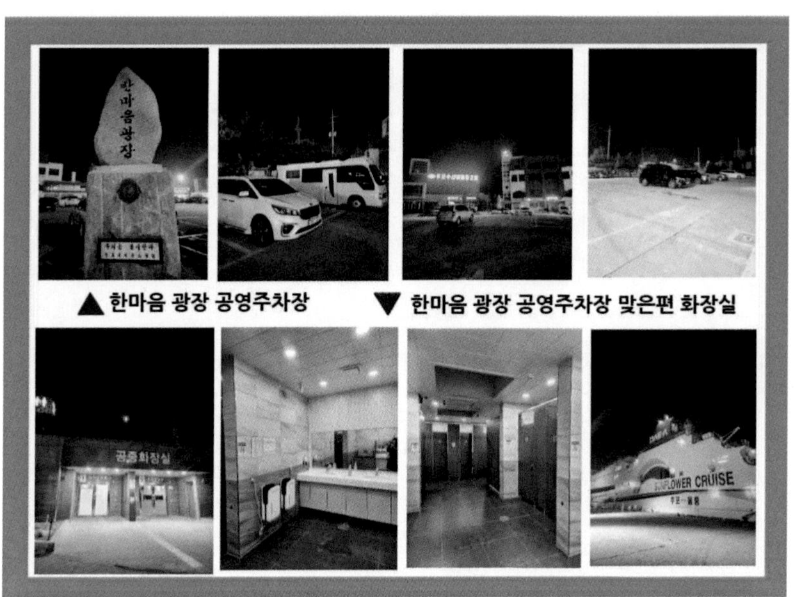

▲ 한마음 광장 공영주차장 ▼ 한마음 광장 공영주차장 맞은편 화장실

새벽 5시에 기상하여 모든 준비를 마치고 5시 30분까지 한마음 광장에서 차로 1분 거리의 후포항 여객터미널로 향하였다. 500m도 안되는 가까운 위치에 있었다.

운 좋게도 내가 2번, 솔뫼님이 3번이었다. 이 말은 즉, 나가는 순서와 같다는 것이다. 후포항에서는 본인이 직접 운전하여 주차까지 하지만, 울릉도 사동항에서는 직원분들이 하차와 선적을 해주신다.

예전에 사고가 있어서 그렇게 진행한다고 들었다. 오래 기다릴 줄 알았는데 기다림 없이 바로 하차할 수 있었다. 될 수 있으면 빨리 가는 것을 추천한다.

선적은 직원분들이 봉을 들고 안내를 해주시는데, 진행 방향대로 따라 들어가면 된다. 차량 선적 안내문을 꼼꼼히 읽어본 후에 차량 열쇠를 두고 내리면, 직원분들이 차가 움직이지 못하도록 일사천리로 작업을 진행하신다.

차에서 귀중품들을 챙겨서 내린 후에 대합실에서 발권하는 시간까지 대기하면 일차적으로 끝난다. 이제부터는 기다림의 연속이다.

비행기 편이든 배편이든 뭐든 쉽게 되는 것은 없는 것 같다. 결국에는 둘 다 시간상으로 대기시간을 포함하면 오래 걸리는 것은 매한가지이다.

CRUISE
차량 선적 안내문
DAEA

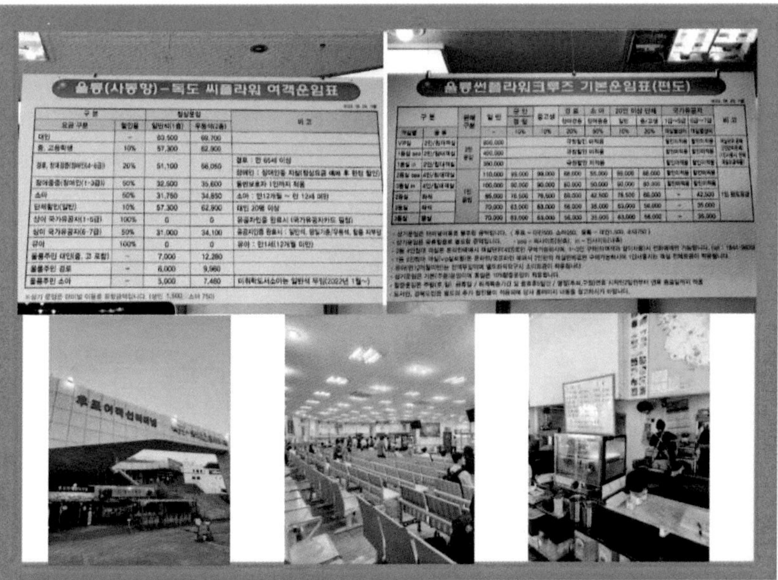
울릉(사동항)-독도 씨플라워 여객운임표
울릉썬플라워크루즈 기본운임표(편도)
후포여객선터미널

그래도 여행의 설렘이 주는 기대감으로 그 모든 것들이 용서된다는 점이 참으로 다행스러운 일이다.대합실에서의 지루한 시간이 지나가고 드디어 승선의 시간이 다가왔다.

후포항의 에이치해운(썬 플라워호)은 2022년 9월부터 취항을 시작해서 상당히 깨끗하고 무엇보다 최대 628명의 승객이 탑승할 수 있고, 후포와 울릉 노선 최초로 차량 200대까지 수송이 가능한 대형선박이다.

선박 내부에 카페테리아, 화주 휴게실, 편의점, 반려동물 보호실, 코인노래방, 야외매점 등의 부대시설이 갖추어져 있다. 기대감을 가득 안고 드디어 썬 크루즈 호의 내부로 입성한다.

예약했더라도 발권은 따로 또 해야한다. 그러기 위해서는 반드시 **주민등록증을 준비**하고 직원에게 제출하면 확인 없이 바로 발권이 된다.

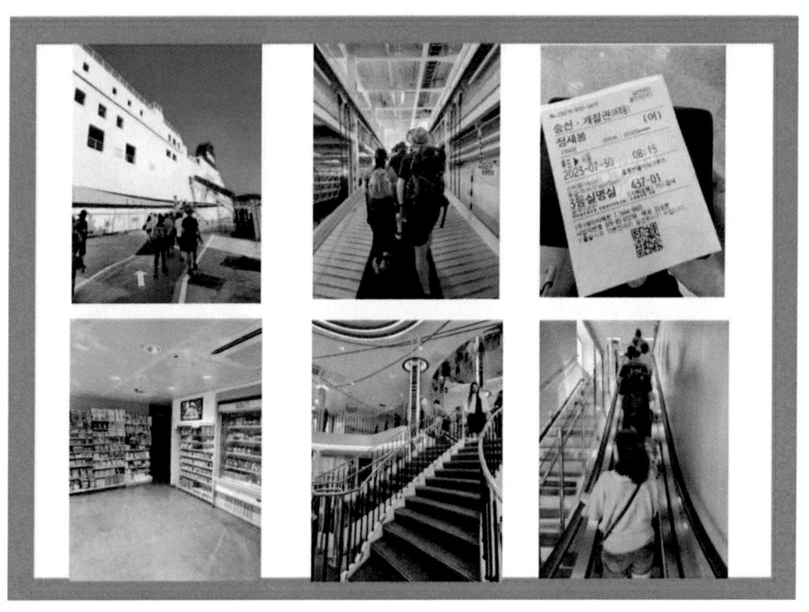

초록색 라인을 따라 올라가면 되는데, 주차했던 곳을 지나 한참을 올라간다. 주차장이 끝나는 지점부터는 본격적으로 객실로 들어가는 곳이 나오는데, 에스컬레이터가 시작된다. 큰 로비가 나오고 1층과 2층을 연결해 주는 계단이 고급스럽게 자리하고 있다. 편의점도 갖춰져 있다. 이곳에서 많은 사람이 음식을 사 먹는다.

그옆에 조그맣게 자리 잡은 카페테리아도 있다. 그러나 그곳은 출항 전까지는 오픈하지 않는다.

출항하기 전에 부대시설 이곳저곳을 둘러보러 다녔다. 우리는 3등석 평실을 예약하였는데, 돌아보니 가장 마음에 들었던 곳이 3등석 좌석이었다.

가격은 똑같은데 편안한 좌석으로 되어있고, 콘센트가 있어서 노트북 같은 작업을 하기에 제격인 곳이었다. 그래서 3등석 좌석이 가장 먼저 매진이 된다.

2등석과 1등석은 침대로 되어있어서 지나가다가 사진으로 찍어보았는데, 굳이 아침 시간에 비싼 돈을 내고 침대칸을 이용하는 것은 효율적이지 않아 보였다.

3등석 평실은 좌식으로 앉아서 가는데 서로 모르는 사람들끼리 얼굴을 마주 보며 가는 것이 상당히 어색해 보였다.

다행히 우리는 편의점 맞은편에 마련된 테이블과 의자에 앉아서 갈 수 있었는데, 가는내내 책도 읽고 노트북으로 작업도 하고 너무 편하게 갈 수 있어서 좋았다. 집으로 돌아가는 길에도 그 자리가 꼭 있었음 하는 바람이다.

후포항에서 울릉도(사동항)까지는 4시간 30분의 항해 시간이 걸린다. 우리가 후포항에서 아침 8시 15분에 출발하였으니 오후 12시 45분 정도에 도착했다. 전체적으로 날씨가 좋아서인지 배가 크게 흔들림 없이 조용하게 갔으며, 소음도 그리 크지 않았다.

작년에 제주도 갔을 때는 배가 심하게 흔들려서 뱃멀미로 고생했던 기억이 났는데, 굉장히 편안하게 갈 수 있었다. 화장실도 깨끗하고 전체적으로 쾌적하다는 느낌이 들었던 썬플라워호였다.

드디어 도착을 알리는 방송이 나온다. 하선을 할 때 직원분들이 차량을 인도해 준다는 안내 방송도 여러 번 나왔다. 창가를 통해 바라본 울릉도는 벌써 감탄을 자아낸다. 이렇게 멋져도 되나 싶은 정도다

벌써부터 멋지면 어쩌란 말이냐
파란하늘과 산의 절경보소

울릉도에서는 이면도로가 많아 반드시 신호를 잘 보고 다녀야 한다. 1차선 이상은 없으니 추월은 금물! 안전운행 필수!!

이제 울릉도를 즐기러 떠나 봅시다!!

울릉도에서의 첫째날

내수전 몽돌해변
울릉도 골목길
울릉만두, 울릉찐빵
관음도
죽암 몽돌해변
울릉국화

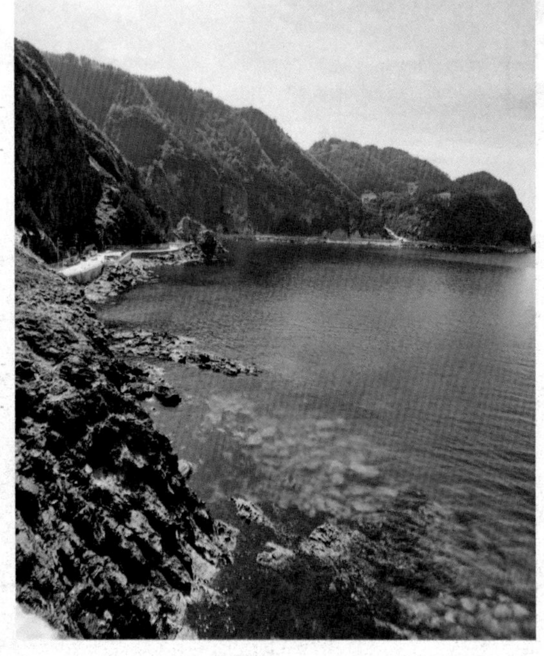

◈내수전 몽돌해변◈
경상북도 울릉군 울릉읍 저동리 해양경찰서부근

우리는 가장 먼저 차박지를 결정하기 위해서 사동항과 가장 가까운 내수전 몽돌해변에 가보기로 하였다. 울릉도는 모래사장이 있는 해변을 찾아보기가 거의 어렵다. 화산섬으로 되어 있어서 대부분이 몽돌 해변이다. 물이 맑은 만큼 바닷속의 몽돌이 동글동글 반짝이게 보일 만큼 맑고 투명하다.

햇볕이 내리쬐는 8월의 더위 속에서 울릉도의 도로는 긴장감을 주기에 충분했다. 처음 접하는 이면도로에 신호등이라니 살짝 당황했지만, 사람이 직접 하는 수신호보다는 낫다는 생각이 들었다. 빨간불에 우선 멈춤. 그냥 갔다가는 큰일 난다.

도로가 하나밖에 없어서 양쪽에 신호등이 있는데, 그 신호에 맞춰서 신호대기하고 출발하면 된다. 그렇게 긴장한 끝에 만난 푸른 바다는 환호성이 나올 만큼 눈부시게 아름다웠다.

울릉도의 해변은 도저히 있을 것 같지 않은 각도의 8시 방향 4시 방향을 꺾어야 들어갈 수 있다. 안전 운전은 필수다. 도착한 내수전 몽돌해변은 화장실과 샤워 시설 등이 잘 되어 있었으나, 그늘이 너무 없었다. 다리 밑에 텐트를 쳐 놓고 놀고 쉬는 여행객들이 많았으나, 우리는 텐트 준비를 못 했기에 다른 곳을 더 알아보기로 하였다.

또한 울릉도는 어느 해안이든 스쿠버 다이빙을 하는 곳이 대부분이고 다이버들도 상주하고 있다. 양양이 서퍼들의 천국이라면 이곳 울릉도는 다이버들의 천국인 것 같다.

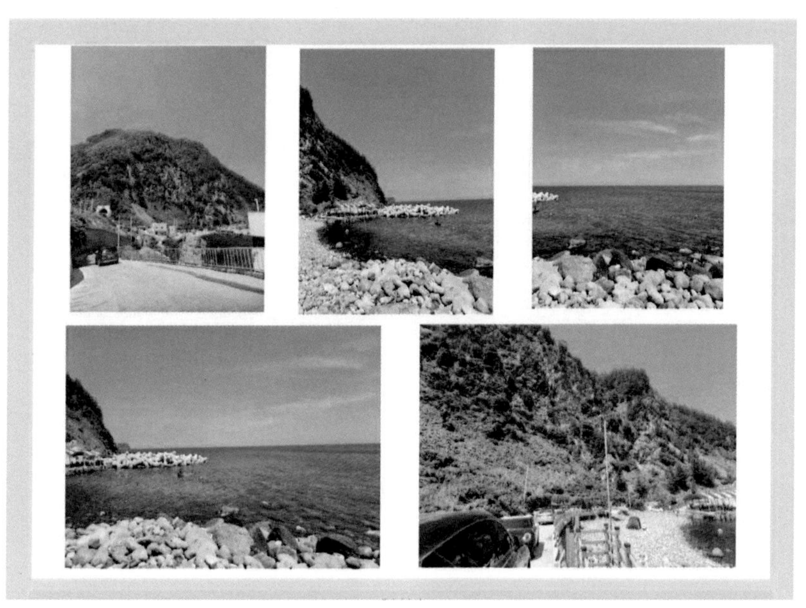

날씨는 타들어 갈 듯이 뜨거웠지만 푸르른 바다와 산의 모습을 동시에 보고 있자니 보기만 해도 너무 좋았다. 싫어서 이동한 것이 아니라 너무 많은 곳이 있기에 더 둘러보고 가자는 마음으로 이동하였다.

이곳 내수전 몽돌 해변은 해양 경찰서 부근이니 쉽게 찾을 수 있을 것이었다.

그리고 우리의 여행 스타일이 어디를 정해 놓고 다니는 것이 아니라, 발길 닿는 대로 다니다가 좋은 곳을 만나면 머물다가 즐기는 스타일이기에 과감하게 지나쳤다.

해안 산책로가 있는 듯하여 걸어갔는데, 중간에 끊겨서 다시 되돌아 나왔다. 처음부터 시도하지 않는 편이 나을 듯하다.

멋진 해안 산책로를 원한다면 **와록사 해안 산책로와 도동항 해안 산책로를 추천한다.** 이곳 내수전 몽돌 해변의 해안 산책로는 과감하게 패스하시길 바란다.

◈울릉도 골목길(도동항 근처)◈

울릉도 구경도 할 겸 허기도 달랠 겸 해서 찾은 곳이 도동항이다. 그런데 신기한 것이 울릉도는 70년대부터 요즘 최신식까지 과거와 현재가 섞인 듯한 건물들이 많이 보인다는 것이다. 어릴 적에 보았던 'ㅇㅇ상회' 'ㅇㅇ식품' 등 예스러운 건물과 골목들이 많이 보이는 것이다. 정겹기도 하고, 현실감이 떨어지는 것이 꼭 타임머신을 타고 온 듯한 착각을 일으키기도 한다.

새마을 금고도 너무 정겹고, 없을 것 같은 위치에 집이 있으며, 가게가 있다. '저런 곳에 어떻게 사람이 살까?' 하는 생각이 들 정도로 아찔한 곳도 많다. 정말 신비한 곳이다. 첫날 이렇게 놀라운 풍경과 광경을 본 것도 처음인 것 같다.

예전의 70년대 중학교 고등학교 검은색 교복을 입으면 딱 어울릴 것 같은 마을의 풍경이다. 골목 구석구석을 다니는 재미도 쏠쏠하고, 쯔양이 다녀갔다는 독도반점도 눈도장을 찍어놨다.

울릉도 하면 떠오르는 대표 음식이 아직은 없어서 계속 골목만 빙빙 돌다가 멀리 2층에 보이는 맛집 포스의 음식점이 보인다.

그냥 느낌으로 안다. 왠지 맛있을 것 같은 느낌적인 느낌이다.
식사는 아니고 그냥 간식이지만, 그냥 발길이 이끄는 대로 예쁜 돌담집을 따라 계단을 이끌리듯 오르고 있다.

"사장님. 안에 계신가요?"

◈울릉만두, 울릉찐빵◈
경북 울릉군 울릉읍 도동 1길 35-10

우리나라 최동단에 위치한 만두와 찐빵 가게란다. 그 문구를 보고 빵 터졌다. 그래, 맞다. 여기는 울릉만두, 울릉찐빵이다. 인상 좋으신 부부 사장 내외분. 에어컨 빵빵하고 너무 시원해서 그냥 좋았다.

가게의 구조는 조금 특이해서 길게 쭉 뻗은 구조이고, 테이블은 달랑 두 개밖에 없었다. 거의 포장 위주로 장사를 하시는 것 같았다. 여기 또한 옛날 감성을 자극하는 감성들로 가득하다. 음악도 남궁옥분의 '꿈을 먹는 젊은이' 같은 음악이 계속 흘러나온다. 옛날 나의 어린 시절에나 들을 법한 음악들을 계속 들으니, 이제는 진짜 현실감각 제로다.

이제는 음식을 평가할 시간이다. 먹물 찐빵과 고기만두를 시켜봤다. 생각보다 양이 적어서 살짝 실망했는데 찐빵은 달지 않고 씨앗이 안에 들어 있어 식감도 아삭아삭 좋고 맛났다. 그런데 둘이 갔는데 세 개를 주면 어쩌란 말인가? 살짝 아쉬운 양이였지만 맛은 아주 훌륭했다. 고기만두는 그냥 입에 들어간 순간에 사라지는, 말 그대로 순삭이다. 맛으로는 아주 훌륭하다. 평범하지 않고 제대로 된 맛이다.

사장님도 정말 친절하셔서 외지에서 오셨는데 울릉도에 정착하게 된 스토리며, 울릉도의 숨은 명소도 일일이 설명해 주셨다. 다음에 울릉도에 온다면 꼭 다시 오고 싶은 곳이다.

◈관음도◈
경상북도 울릉군 북면 천부리

 이곳 관음도는 그야말로 정처 없이 가다가 사람들이 길가에 주차하고 이동하는 것을 보고 따라서 가다가 얻어걸린 곳이다.
어찌나 마음에 쏙 들던지. 울릉도의 첫날을 관음도로 시작한 것은 정말 잘한 일인 것 같다.

 관음도로 올라가는 타워가 보이면 길가 버스정류장 부근에 주차해 놓고 물이나 부채, 선풍기 등을 반드시 챙겨서 올라가자.

생각보다 높이가 있어서 등산한 것 같은 기분이 들었다. 다리 부근을 지나고 계단을 한창 올라갔을 때 살짝 탈수증세가 오고 말았다.

계단에 한참 앉아 숨 고르기를 한 후에 올라갈 수 있었다. 꼭 마실 것 등을 준비해서 올라가시고 엘리베이터 타기 전 정수기가 있으니 반드시 음용 후에 올라야 한다.

관음도는 깍새섬이라고도 한다. 울릉군 저동항에서 북동쪽으로 5km 해상에 위치하며, 사람이 살지 않는 무인도이다. 형태가 사람의 왼쪽 발바닥 모양과 비슷하며, 조면암으로 이루어져 있다.

동백나무 참억새, 부지깽이나물, 쑥 들이 자생하는 야생식물의 천국이며, 관음 쌍굴이라고 하는 높이 14m의 해식동굴 2개가 있는데, 동굴의 천장에서 떨어지는 물을 받아 마시면 장수한다는 설이 전해진다. 울릉도 3대 절경 중의 하나로 꼽히며, 울릉도 일주 유람선을 타면 배에 오른 채로 섬을 관광할 수 있다.

<출처: 두산백과 두피디아>

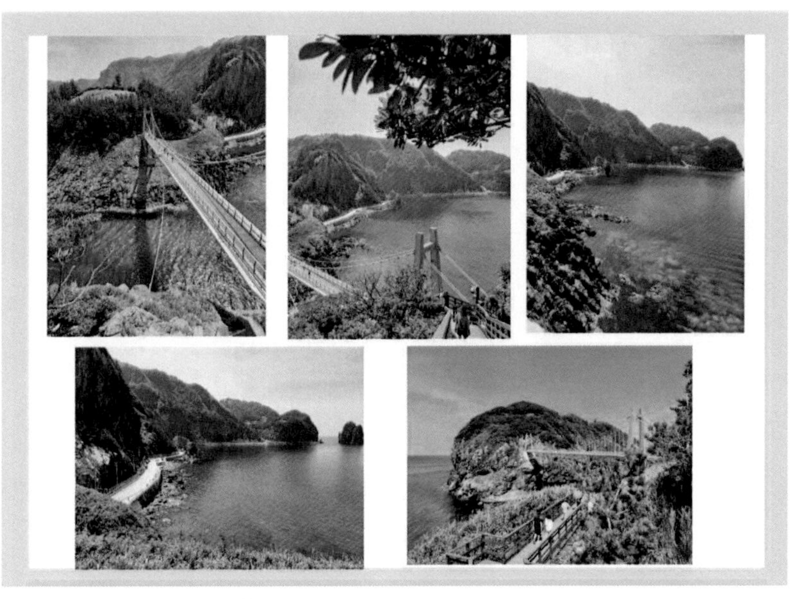

◈죽암 몽돌해변◈
경상북도울릉군 북면 천부리

관음도를 멋지게 관람하고 난 후에 어느덧 해가 지고, 바람이 시원하게 불기 시작했다. 울릉도가 더 멋지게 느껴지는 이유가 일출과 일몰을 다 감상할 수 있어서 그런 것 같다. 해안 도로 어디를 가도 멋진 풍경이 늘 따라 다니고 구석구석 안 예쁜 곳이 없다.

왜 이제야 울릉도에 왔는지 안타까울 정도다. 이제는 정말 우리의 차박지를 정해야 할 시간이다. 관음도에서 바라보았을 때 멀리 차들이 정박해 있는 것이 보였다. 매표소 직원분께 물어보니 죽암 몽돌해변이란다. 차로 5분가량 가니 딱 1자리가 남아 있어서 나는 이중 주차를 해두었다가 저녁이 되자, 차가 다 빠져나간 후에 제대로 주차할 수 있었다.

죽암 몽돌해변은 화장실은 있으나 샤워장이 없는 것이 살짝 아쉬웠다. 화장실에서 간단하게 세수 정도만 가능하다. 그래도 이렇게 깨끗한 화장실이 있는 것이 어디인가? 이곳 역시 다이버들의 천국이다. 파도가 그리 높지 않고 어린 친구들도 상당히 많은 것을 보니 가족 단위로 많이 오는 곳 같다. 저녁쯤에는 백팩킹을 하는 젊은 친구들도 많이 보인다.

이곳이 바로 지상낙원이 아닌가 싶다. 배산임수가 따로 없다. 아니다. 울릉도 전체가 다 그렇다. 보이는 것이 바다요 산이다.

밤이 되니 첫날의 여독이 안 풀려서인지 몸이 굉장히 피곤하다. 누우면 바로 잘 것 같다. 여기저기에서 고기 굽는 냄새, 맛있는 음식 냄새들로 가득하다. 이곳은 샤워실이 없다는 점과 모기가 많다는 것이 유일한 단점이다.

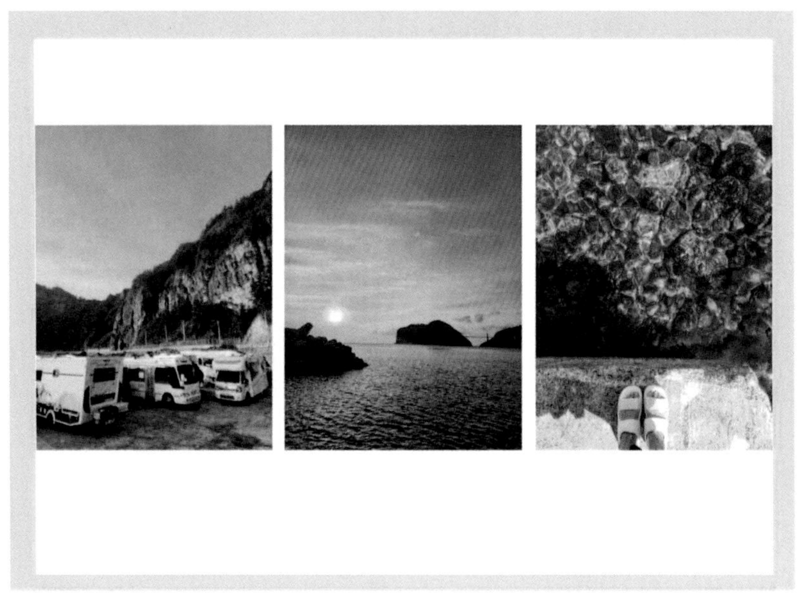

◈울릉 국화◈
경상북도 울릉군 북면 석포길11

정암 몽돌해변에 샤워실이 없어 혹시나 있을까 싶어서 주변을 둘러보던 중에 특이하게 예쁜 카페 하나를 발견하였다. 마침 목도 마르고 샤워실도 물어볼 겸 해서 들어간 카페는 마당부터 유별나게 예뻤다. 아기자기 예쁘게 꾸며진 정원에는 주인장님의 솜씨가 발휘된 듯한 공예작품들로 가득했다. 카페에서 바라보는 해변도 너무 훌륭했다. 울릉도는 바라보는 위치에 따라서 달라지는 풍경들이 모두 예술이었다.

울릉 국화는 알록달록 예쁜 작품들을 구경할 수 있고, 자기 얼굴과 비슷한 것을 구입할 수 있는 카페이다. 나는 딸기라떼와 호박라떼를 주문하고 작품들을 감상하였다.

자신과 닮은 얼굴을 찾아 보세요!

〈먹거리〉

부오전(부지깽이+오징어) 30.0
호오전(호박+오징어) 20.0
호박 막걸리 10.0
마가목주 10.0
*울릉도산

컵라면 4.0

*김치제공

마가목술 미니병 5.0(5년산)

〈음료〉

딸기 에이드 7.0
레몬차 6.0
블루레몬에이드 7.0
커피믹스 4.0

아메리카노 5.0
카페라떼 6.0
호박라떼 7.0
딸기라떼 7.0
부지깽이차 7.0

울릉도에서의 둘째날

사동 해수욕장
와록사 해안산책로
도동항 해안산책로(오른쪽 길)
봉래폭포
남서 일몰 전망대(모노레일)
통구미 거북바위
더 이스트 카페

◈사동 해수욕장◈

경상북도 울릉군 울릉읍 사동리 904-8

첫째날 차박지를 뒤로하고 둘째날 머물 곳을 향해서 찾아 나섰다. 좀 더 조용한 곳을 원했기에 한적한 사동 해수욕장과 이어져 있는 해안 산책로인 와록사를 사전 답사 겸 둘러보았다. 사동 해수욕장은 일반 해수욕장보다는 작은 규모인 건 확실하지만, 화장실과 샤워장이 잘 갖추어져있었다.

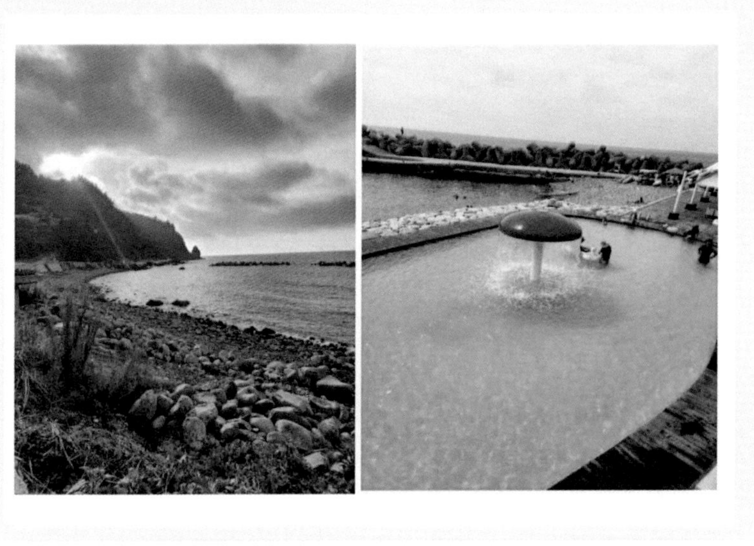

매일 해수를 받아서 관리하는 수영장도 깨끗하게 운영하고 있었다. 차를 가지고 들어가면 절대로 없을 것 같은 곳에 해수욕장이 있다. 각도를 심하게 꺾어서 들어가야 하므로 '이 길이 아닌가?' 하는 생각이 들 것이다. 그러면 제대로 가고 있는 것이다.

주차장은 그리 넓지 않으나 사람이 많이 오지 않은 곳이니, 부족하지는 않다. 또한 파도가 심하지 않아서 어린애들이 놀기에 적합하다.

더울때는 몽골 텐트 안에서 그늘을 피해서 있어도 되고 작은 텐트를 쳐 놓아도 된다. 자릿세를 받거나 샤워비 등을 받지 않으니 인심이 아주 후하다. 특히나 물이 아주 차갑지도 않아서 오래 놀아도 동해처럼 입술이 파랗게 질리는 일은 없다. 잠깐 논 것 같은데 한 시간이 순식간에 지나가 버린다.

방파제 때문인지 파도가 그리 높지 않은 것 같다. 몽돌 해수욕장이어서 당연히 자갈이 많은 곳이기는 하지만 돌들이 동글동글해서 그리 위험해 보이지는 않았다.

수시로 들락날락하며 수영을 오랫동안 했다. 힘들면 먹고 쉬고, 하기를 반복하니 시간이 정말 빠르게 지나갔다. 샤워장도 샤워부스가 4개나 되고 화장실도 깨끗하게 관리되는 편이다.

다른 해수욕장에 비해서 규모는 작은 편이나 한산한 것이 가장 마음에 들었던 곳이다.

해수를 받아 어른의 허리높이의 수영장을 매일 채우고 비우기를 반복한다. 어린아이들 놀기에 아주 그만이다. 부모님들이 안심하고 놀러 오시면 좋을 그런 해수욕장이다.

몽골 텐트도 있어서 그늘 피하기에 제격인 사동 해수욕장은 와록사 해변 산책로와 더불어 우리의 울릉도 차박지의 거점으로 삼았다. 잠은 와록사 입구에서 자고 낮에는 관광지를 찾아 돌아다녔다. 그리고 늦은 오후 5시쯤에는 귀가하여 사동 해수욕장에서 더위도 식힐 겸 수영하고 마무리는 와록사 주차장에서 차에서 숙박하였다.

화장실은 걸어서 10분 거리를 걸어가야 했지만, 운동 삼아 다녔고 무엇보다도 조용하고, 주차장이 넓고 테이블 같은 공간이 구비되어 있어 우리에게는 최고의 차박지였다.

◈와록사 해안산책로◈

경상북도 울릉군 울릉읍 사동리 3

울릉도 여행의 4박 5일 기간에 3박을 와록사 해안산책로 주차장에서 하였다. 남들은 화장실과 샤워실이 있고, 인근에 편의시설이 많아야 최고의 차박지로 꼽지만, 개인적으로는 자연과 최대한 가까워야 하며, 화장실은 10분 이내에만 위치하면 괜찮다.

되도록 조용하고, 번잡하지 않은 곳을 선호하는 편이다. 이러한 것을 모두 충족하는 곳이 바로 와록사 해안산책로였다.

기대도 안하고 왔다가 그 절경에 감탄하고 넓은 주차장에 하염없이 들려오는 파도 소리에 바다를 멍하니 바라보고 있으면 근심 걱정이 사라지는 것 같았다.

와록사는 옥 같은 모래가 누워 있다는 뜻에서 처음에 와옥사라 불렀다가 시간이 지나면서 와옥사가 와록사로 변하였다는 설이 있고, 마을 뒷산의 모습이 사슴이 누워 있는 것과 같다고 하여 와록사라고도 한다. <출처-한국황토문화전자대전>

파도가 해안을 따라서 들이치는 모습을 산책로 내내 감상할 수 있고, 두 개의 다리를 건너면서 절경을 감상할 수도 있다. 또한 터널같이 만들어 놓은 곳도 지나면서 시원한 바람을 느낄 수 있다.

작은 폭포도 감상하고 울릉도의 매력을 와록사에 모두 모아놓은 것 같은 착각이 들 정도로 멋진 곳이다.

생각보다 잠깐 산책을 하고 가는 분들이 있을 뿐이었다. 3일 동안 있는 내내 우리만 머물다가 갔고, 마지막 밤에는 백팩킹을 하는 가족이 어떻게 알고 오셨는지 주차장에 일렬로 텐트를 치고 파도를 마주 보고 백팩킹을 즐기다가 가셨다. 너무 멋있다는 생각이 들었다.

◈도동항 해안산책로(오른쪽 길)◈
경상북도 울릉군 울릉읍 도동2길 23

도동항 근처가 울릉도에서는 가장 번화한 곳 같다. 제일 많이 가본 곳이기도 하고, 울릉도 골목길을 가면서 이곳저곳을 누비고 다녀서일까? 눈에 많이 익어서인지 정겹기도 하고 이제는 지리를 다 알 정도였다.

도동항 여객터미널을 가운데에 두고 오른쪽과 왼쪽에 두 갈래 해안산책길이 나오는데 우리는 오른쪽 길로 산책했다. 왼쪽 길이 두 시간 남짓 걸리는 길로 더 길다.

시간적인 여유가 있으신 분들은 왼쪽으로 산책하길 추천한다. 우리는 시간이 빠듯해서 간단하게 오른쪽 길만 산책하였는데도 대만족이었다.

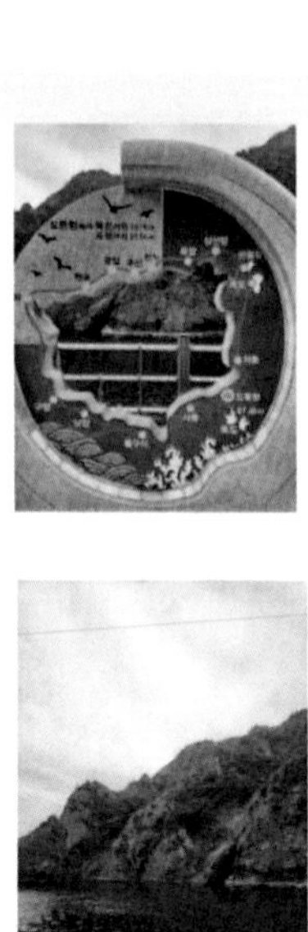

◈봉래폭포◈

경상북도 울릉군 울릉읍 저동리 산 39 번지

봉래폭포 가는 길은 울릉 저동초등학교를 지나 울릉 도서관이 있는 마을을 지나면 끝에있다. 가는 내내 왠지 기분이 묘했다. 분명 우리나라는 맞는데 외국 같기도 하고, 어디서 본 듯한 풍경 같기도 하고 낯익으면서 낯선 듯 여러 가지 복합적인 성격을 지닌 곳이었다.

봉래 폭포를 보기 위해서는 당연히 높은 곳에 있기 때문에 조금은 위로 올라가는 것을 각오하고 올라야 한다. 그러나 그렇게 많이 힘들지는 않고 중간쯤에 천연 에어컨 풍혈이라는 곳이 있으니, 신비한 체험을 하면서 올라가면 좋다. 전기를 사용하는 에어컨보다 훨씬 시원하다는 것이 정말 신기하고 놀라웠다.

풍혈에서 잠시 더위를 식히고 산책하듯이 올라가면 울릉도 독도 지질공원이 나온다. 엄청나게 큰 나무들이 솟아 있는 것을 보게 되는데 비현실적으로 큰 나무들 사이로 웅장한 무언가를 느끼게 될 것이다.

그렇게 오르는 그 길이 무척이나 마음에 들었다. 왜 지질공원인지 느껴질 정도로 처음 보는 식물과 나무들이 많아 보였다.

자연의 신비로움마저 느껴지는 곳이었다. 점점 숲속 깊숙이 들어가는 기분이 들었고, 저 멀리 전망대가 보이는 것을 보니 '곧 폭포를 마주하게 되겠구나!' 하는 생각에
발걸음이 빨라지기 시작했다.

봉래폭포는 그 자체로도 경이롭고 예쁘지만 폭포로 가는 길 자체가 예쁘고 자연 그대로 잘 보존되어 있어서 너무나 아름다운 곳이었다.

높이 약 30m의 3단 폭포로, 울릉도 내륙 최고의 명승지로 꼽힌다. 울릉도 최고봉인 성인봉으로 오르는 길목인 주삿골 안쪽에 있으며, 저도항으로부터는 2km 떨어져 있다.

수량이 풍부하여 1년 내내 폭포의 장관을 볼 수 있고 울릉도 남부 지역의 주요 식수원이기도 하다.

폭포 근처에는 한여름에도 서늘한 냉기가 감도는 바위 구멍인 풍혈과 삼나무 숲을 비롯하여 울릉도 전통가옥인 투막집, 게이트볼장, 궁도장 등이 있다. <출처-두피디아>

◈남서 일몰 전망대 (모노레일)◈
경상북도 울릉군 서면 남서리 293

울릉도의 경치를 감상하기 위해서 모노레일을 타고 전망대까지 가서 보는 방법이 있다. **태하향목 관광 모노레일**과 **남서 일몰 전망대 모노레일** 이 두 곳이다.

그런데 태하향목 관광 모노레일은 아침 9시에 시작하여 저녁 6시면 마감한다. 마지막 손님을 5시까지만 받는다 해서 대풍감 전망대는 다음날 산책하면서 걸어 올라 가는것으로 결정했다.

그래서 선택한 곳이 남서 일몰 전망대 모노레일이었다. 바로 옆에 우산국 박물관도 있으니 6시 전이라면 박물관 먼저 관람 후에 모노레일 타고 오르는 것을 추천한다.

<남서 일몰 전망대 모노레일>

구분	운행시간	입장마감
하절기 (4월~10월)	9:00~19:30	19:00
동절기 (11월~3월)	9:00~18:00	17:00

모노레일이라고 해서 오픈된 시골의 깡통 열차 같은 것을 생각했는데, 에어컨이 달린 케이블카같은 굉장히 고급스러운 운행 수단이었다.

20분마다 운행하였고, 전망대에 올랐는데 생각지도 못한 풍경에 할 말을 잊었다. 울릉도의 모든 풍경 중에서 가장 멋진 풍경이었다.

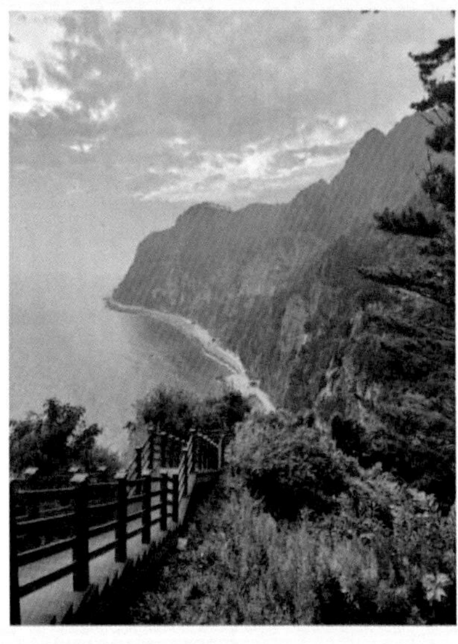

울릉군 남서리에 있는 산에 위치한 남서 일몰 전망대는 해발 고도 150m 지점에 있다. 망향봉의 독도 전망대, 저동리의 내수전 전망대와 함께 일출과 일몰이 뛰어난 대표적인 전망대로 손꼽히고 있다.

전망대에 서면 사태구미 해안변에 단애 절벽이 병풍처럼 펼쳐지며 바다 위로 떨어지는 일몰 풍경이 절경이다. 전망대 앞쪽에는 소원을 빌면 자식을 볼 수 있고 부부의 정이 깊어진다는 남근바위가 솟아 있으며, 건너편 산자락에는 색시 바위가 있다.

<출처- 대한민국 구석구석>

*이곳은 개척 이후 일주 도로가 개설될 때까지 약 120년간 구암마을이나 삼막마을 주민들이 남양마을을 오고 가기 위하여 어렵게 넘어 다니던 애환 어린 고개였으며, 특히 구암마을에서 남양의 중학교를 매일 걸어 다녔던 학생들의 통학로였다.

◈통구미 거북 바위◈
경상북도 울릉군 서면 남양리

통(通)구(九)미(味) 지명 유래
통구미라는 지명은 그 지형에서 붙여진 이름이다.

양쪽 산이 솟아있어 골짜기가 깊고 좁아 마치 긴 홈통과 같다고 해서 불린 것인데 통구미의 '통'은 통과 같다는 데서 따르고 '구미'라는 것은 구멍이란 뜻이니, 곧 '이 골짜기가 홈통과 같다'고 해서 통구미라 불렸다.

또한 앞 포구에 거북이 모양의 바위가 마을을 향해 기어가는 듯하고, 마을을 거북이가 들어가는 통과 같이 생겼다고 하여, 통(通)구(龜)미(尾)라고도 한다. 한자로 표기할 때 음이 같은 글자인 통(通)구(九)미(味)로 표기하게 된 것이다.

<출처-울릉군>

모든 일정을 마무리하고 차박지로 돌아가는 길에 다이버들이 모여있기도 하고, 캠핑하는 분들이 유난히 많아 보여서 잠시 머물다 가기로 하였다.

이곳도 역시 차박지로 유명한 장소로 보였다. 캠퍼들이 자신들의 차량이나 텐트를 쳐놓고 캠핑을 즐기는 모습을 어렵지 않게 볼 수 있었다.

울릉도는 패키지여행이나 숙소를 정해놓고 하는 여행을 많이 할 줄 알았다. 그러나 의외로 요즘은 이렇게 차박여행이나 캠핑을 즐기는 사람이 많아 보였다.

백팩킹을 하면서 배낭을 짊어지고 울릉도를 도보여행하는 사람들도 종종 볼 수 있다. 여행의 종류가 정말 다양해진 요즘이다.

◈더 이스트 카페-독도 아이스크림◈
경상북도 울릉군 서면 남양리

운영시간 오전 8시 30~ 오후 21:00
전화번호 054-791-7597

둘째날 울릉도 여행의 강행군으로 당이 떨어질 시간이 되었다. 통구미 거북바위 바로 맞은편에 주변환경과 맞지 않게 완전히 튀는 파스텔 톤으로 보이는 카페가 하나 보였다.

바로 더 이스트 카페인데, 대문짝만하게 독도 아이스크림이라고 적힌 현수막이 눈에 들어왔다. 1초의 망설임도 없이 들어가 보기로 하였다. 손이 달달 떨리기 시작했다.

저녁 식사 전인데 벌써 2만 보를 걸었으니, 오랜만에 무리한 것이었다.

아이스크림을 주문하고 창문에 앉으니 거북바위가 한눈에 들어왔다.

울릉도에서의 셋째날

독도 탐방하기
독도반점
카페1025
만물상 전망대
학포 야영장
학포 해수욕장
태하 해안 산책로
대풍감 전망대

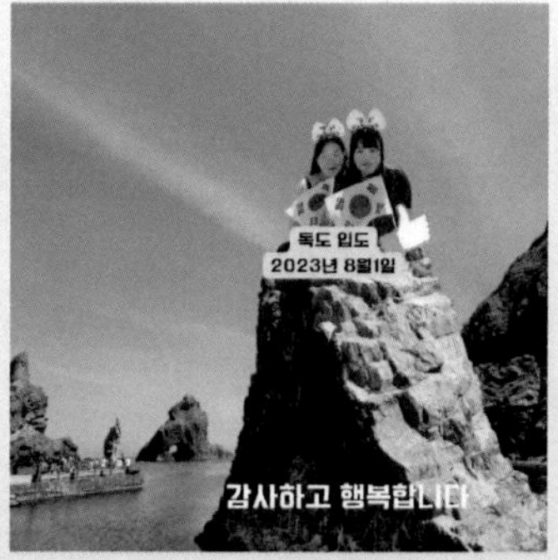

◈독도 탐방하기◈
경상북도 울릉군 울릉읍 독도안용복길3

사실 이번 울릉도 여행을 계획할 때 독도는 일정에 없었다. 일 년 365일중 입도를 하는 것이 60일밖에 되지 않아서 삼대가 덕을 쌓아야 들어갈 수 있다는 독도. 울릉도를 여행하다 보니 갑자기 독도가 궁금해졌다.

이번이 아니면 언제 또 독도에 갈까 싶어서 **가보고 싶은 섬 어플**에서 예약을 진행하기로 했다. 예약에 성공하면 가는 것이고, 안되면 그냥 울릉도 여행에 집중하자는 생각으로 마음을 비우고 예약을 진행하였다.

그런데 어찌 된 일이지 너무나 순조롭게 독도 예매에 성공했다.

이번 여행의 가장 큰 행운은 변덕스러운 8월의 날씨 가운데 여행 내내 날씨가 환상적으로 좋았다는 것이다. 독도도 이렇게 쉽게 갈 줄 누가 알았을까? 개인적으로 거제도의 외도(보타니아)를 7번 도전에 아직 한 번도 성공하지 못했다.

독도 배편 및 시간표

선박	출발장소	출발시간
씨플라워	울릉사동	09:10
씨스타 11	울릉저동	07:20 13:00
썬라이즈호	울릉저동	08:20

저동항에서 배 시간을 확인하고 늦지 않게 미리 서둘러 갔다.

독도는 여러 항에서 출발하는데 시간대별로 항구가 다르니 반드시 확인해야 한다. 문자가 제때 오지 않아서 어느 항으로 가야 할지 많이 당황했다. 그래서 여객터미널에 가서 시간과 항구를 확인하였다.

배를 타고 1시간 30분 정도 가면 독도에 도착하게 된다. 독도에 도착하였다고 무조건 입도에 성공하는 것은 아니었다. 독도의 특성상 파도가 심하고 접안이 실패하는 경우가 있어서 배를 댈 수가 없는 경우도 발생한다고 방송이 나왔다.

'아, 배를 탔다고 끝난 것이 아니구나!' 아차 싶었다. 제발 파도가 심하게 치지 않기를 바랐다. 그리고 독도에 거의 다 왔을 때 방송으로 독도 수비대에게 준비해 온 위문품이나 물품에 대해서 안내하는 방송이 나왔다.

미리 준비해 오지 못한 것이 안타까웠다. 그래서 매점에 가보니 가격대별로 상자에 넣어서 메모지가 붙여진 채로 판매하고 있었다. 하나를 선택해서 정성스럽게 편지를 쓰고 가슴에 안고 자리에 앉았다. 만약에 다음에 올 기회가 또 생긴다면 미리 준비해오겠다고 다짐했다.

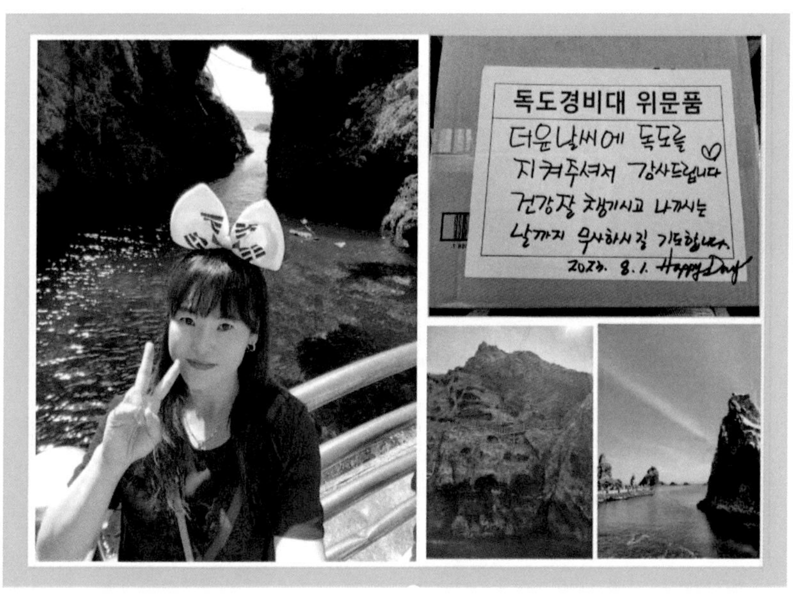

접안이 되지 않은 경우에는 선회해서 독도를 한 바퀴 돌고 나가는 코스로 바뀌게 된다고 방송이 나왔다. 그것도 나쁘지 않다고 여겼다.

멀리 보아야 아름답다는 말처럼 너무 가까이에 있으면 그 아름다움이 잘 보이지 않듯이 선회관광을 하게 되면 독도를 눈에 가득 담아보겠다고 다짐했다.

운이 좋게도 접안에 성공하였고, 우리는 무사히 독도의 땅을 밟을 수 있었다. 정말 그 기분을 이루 말로 표현할 수가 없었다.

아름다움으로 치자면 울릉도에 비할 바가 아니지만 지정학적인 의미로 보았을 때 독도의 중요성을 알기에 허투루 보고 넘길 수가 없었다. 구석구석을 눈에 담아 보려고 이리저리 뛰어다녔다.

한 가지 아쉬운 점이 많은 인원의 사람들이 독도의 이사부길 앞에 거의 다 모여서 사진을 찍다 보니 시장처럼 혼잡했고, 사진 찍느라 모두 정신이 없었다.

이사부길 푯말 앞에는 50m 이상 사람들이 줄을 서서 대기하고 있었다. 시간적인 여유가 없다 보니 독도를 너무 수박 겉핥기식으로 둘러본 것은 아닌가 하는 생각이 들었다.

독도의 산 중턱까지 해안 산책로 같은 나무 계단이 보였는데, 입구부터 차단이 되어 있어서 오를 수가 없었다. 올라가면 독도를 한눈에 볼 수 있어서 좋았을 것 같은데 너무 아쉬웠다.

독도를 나가는 길에 차라리 선회하며 돌아보고 떠나는 코스가 있었으면 하는 개인적인 바람도 생겼다.

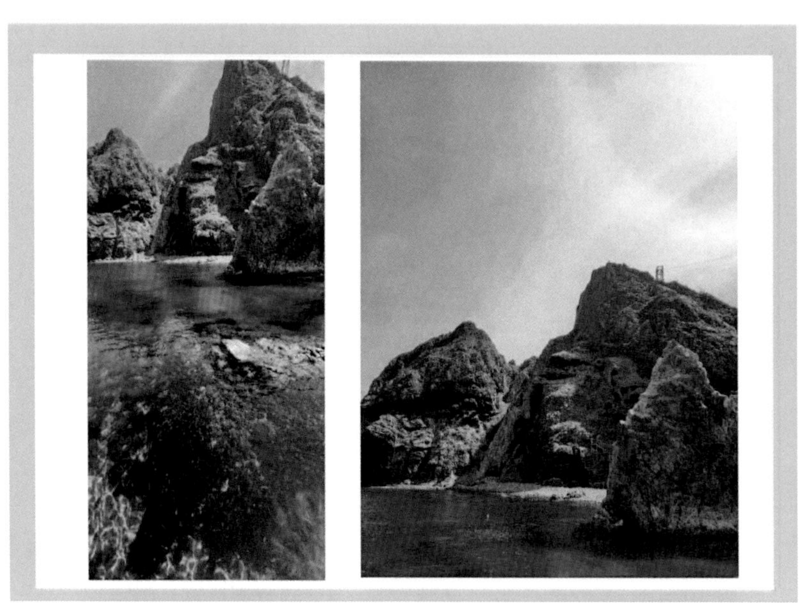

◈독도 반점◈

경상북도 울릉군 울릉읍 도동 1길 42

먹방 유투버 쯔양이 방송해서 유명해진 독도 반점. 도동항을 제일 많이 갔는데 골목을 다닐 때마다 가장 위치도 좋고 가격 대비 가성비 좋은 점 때문에 많이 찾는 곳인 것 같았다.

요즘 울릉도의 음식점들이 1인 주문을 거부한다는 방송을 보고 이해가 잘 가지 않았다. 독도 반점 같은 곳을 잘 찾으면 1인 주문도 가능한 곳이 꽤 있을 거란 생각이 들었다.

우리가 시킨 것은 일반 짬뽕이었고, 맛은 괜찮은 편이었다. 울릉도를 여행하면서 한 가지 이상한 점을 발견하게 되었는데, 일반적으로 음식의 양이 조금 적다는 생각이 들었다.

어디를 가나 기본 반찬으로 나오는 김치가 잘 보이지 않았다. 그런데도 울릉도에서만 나는 나물과 명이나물 등이 아주 훌륭해서 괜찮았다.

먹방 유투버
쯔양이 왔다
가서 유명해
진 맛집이다
일반과 해물
라인을 구분
해서 주문해야
한다!!

◈카페 1025◈
경상북도 울릉군 울릉읍 도동2길 30

도동항에서 맛난 식사를 하고 분위기 있는 카페에서 커피를 마시고 싶다면 도로가 있는 1층 말고, 살짝 고개를 들어 위층에 있는 커피숍인 카페 1025를 한번 가보시라. 들어서자마자 상당히 큰 규모에 깔끔한 인테리어로 눈길을 사로잡을 것이다.

사장님께서 취미생활로 사진을 하시는지 사진 작품이 상당히 수준급이다. 사진 구경을 제대로 해도 시간이 후딱 지나가 버린다. 기본 아메리카노를 주문하고 초콜릿 케이크를 주문하였다.

울릉도의 여름은 한낮은 열기로 뜨거워서 아스팔트 도로의 열이 엄청나다.

한낮은 이런 카페에서 시원한 에어컨을 맞으며 책을 읽거나 개인 작업을 하는 것을 추천한다. 해가 어느 정도 기울기 시작할 때부터 본격적으로 활동하는 것도 나쁘지 않다고 생각한다.

◈만물상 전망대◈
경상북도 울릉군 서면 태하리 354-6

만물상 전망대는 검색해서 찾아간 것이 아니라 학포 해수욕장을 가는 도중에 전망이 너무 예뻐서 이끌리듯 들어간 곳이다. 사유지인 것 같아서 사장님께 잠시 들러서 구경해도 되냐고 물어봤는데 흔쾌히 허락을 해주셨다.

높은 곳에 있는 만큼 내려다보이는 경치는 말하지 않아도 정말 끝내줬다. 어쩌면 이리도 잘 가꾸어 놓으셨는지 존경스럽기까지 했다.

경치를 다 구경한 후에는 만물상 사장님이 계시는 여러 가지 식품들을 판매하는 곳에 들어갔는데, 울릉도를 대표하는 것들은 다 모여 있었다.

호박엿, 호박 막걸리, 조청, 마가목 등을 판매하였다. 그 외에 쑥빵도 있었다. 전망대와 개인 정원 등도 잘 관리되어 있고, 입장료는 무료이다.

◈학포 야영장◈

경상북도 울릉군 울릉읍 서면 학포길 133-11

바다를 배경삼아 야영할 수 있는 학포 야영장. 학포 해수욕장을 가는 도중에 만난 야영장이었다. 경치가 너무 예뻐서 도저히 그냥 지나칠 수가 없었던 야영장. 야영은 하지 않았지만, 그냥 구경이라도 해보려고 잠시 들렀다. 오토캠핑보다는 백팩킹하는 분들이 대부분이었다.

화장실과 샤워장시설이 아주 훌륭하고, 무엇보다도 경치가 우리나라 야영장 중에서 베스트에 속했던 것 같다. 유일한 단점은 주차한 후에 짐은 일일이 손으로 날라야 한다는 점이다. 이렇게 멋진 뷰를 감상하기 위해서 그 정도의 수고로움은 감수해야 하지 않을까 싶다.

차박 여행을 왔지만, 갑자기 백패킹에 대해서 관심이 생기는 순간이었다. 눈이 시리게 아름다운 학포 야영장이었다.

이런 곳에서 미니멀하게 야영하는 것을 보니 예전에 짐을 바리바리 싸 들고 다녔을 때의 오토캠핑이 떠오른다. 먹고 자고 쉬고를 반복하던 시절의 캠핑 라이프를 즐겼었다.

이제는 차박 여행으로 바뀌어 이곳저곳을 다니며 걸어다니는 것도 마다하지 않는 스타일로 바뀐 여행 스타일이 지금은 너무 맘에 든다.

오늘같이 이렇게 멋진 장소를 만나니 또 가슴이 두근반 세근반 뛰기 시작한다.

◈학포 해수욕장◈
경상북도 울릉군 울릉읍 서면 태하리

울릉도에 사는 지인이 적극적으로 추천해준 차박지가 바로 학포 해수욕장이다. 얼마나 대단하기에 극찬하는지 궁금하였다. 학포 야영장을 지나서 아래로 내려가면 학포 해수욕장으로 이어진다. 도로가 잘 되어 있기는 하지만 경사가 급하고 굽이굽이 커브 길이 많아서 운전을 정말 조심해서 해야 한다. 아차 하면 황천길이다. 정말 울릉도 여행을 다니면서 운전하며 실력이 많이 는 것 같은 기분이 들었다. 아니, 안 늘 수가 없다. 울릉도 전체가 1차선 도로인 데다가 공항 건설을 대비해서 열선을 까느라, 중간중간에 이면도로가 불쑥 나타나니, 평상시 운전 습관이 험하고 추월을 많이 하는 스타일이라면 *울릉도에서는 험한 운전 습관은 잠시 내려놓으셔도 좋습니다.*

학포 해수욕장은 화장실은 물론이고, 샤워장 시설도 훌륭하다. 옆에 다이버들을 위한 샵도 크게 자리하고 있고, 해변도 큰 편에 속한다. 캠핑카는 물론이고 일반 텐트족들도 많이 오고 백팩킹도 꽤 많이 모이는 곳이다. 다양한 형태의 캠퍼들이 모이는 만큼 시설도 잘 갖추어져 있는 것 같다.

예전에 울릉도, 독도 여행을 다녀왔다고 하면 흔히 패키지여행이라고 생각했는데, 오히려 직접 와보니 여행하는 연령층들이 상당히 다양했다.

여러 가지 형태의 여행이 공존하는 공간으로 자리 잡고 있다는 생각이 들었다. 2025년 공항이 들어서기 전까지 도로나 여러 가지 제반 시설들이 잘 갖추어져 잡음이 생기지 않았으면 하는 바람이다.

◈태하 해안 산책로◈

경상북도 울릉군 울릉읍 서면 태하길 236

태하 해안 산책로는 모노레일이 있으나 일찍 마감되는 곳이다. 일몰이 아름답기로 유명한 곳이니 마감이 되었다면, 산책로를 따라 올라가는 것도 그리 힘들지 않으니 걸어서 올라가는 것도 추천한다.

천천히 자연경관을 즐기면서 바다와 산의 경치를 동시에 즐길 수 있는 것이 이곳의 최대 장점이다.

태양 빛과 구름 날씨에 따라서 바다색이 달리 보이기도 하고, 태양의 위치에 따라서도 다르게 보이는 것이 울릉도의 경치인 것 같다.

그리고 산책로도 정말 잘 만들어 놓아서 무리 없이 다닐 수 있게 해 놓았다.

지금은 보수공사로 막아놓은 구간이 있어 살짝 아쉽기는 했지만 그래도 경치가 멋있어서 모든 것이 용서되는 곳이다.

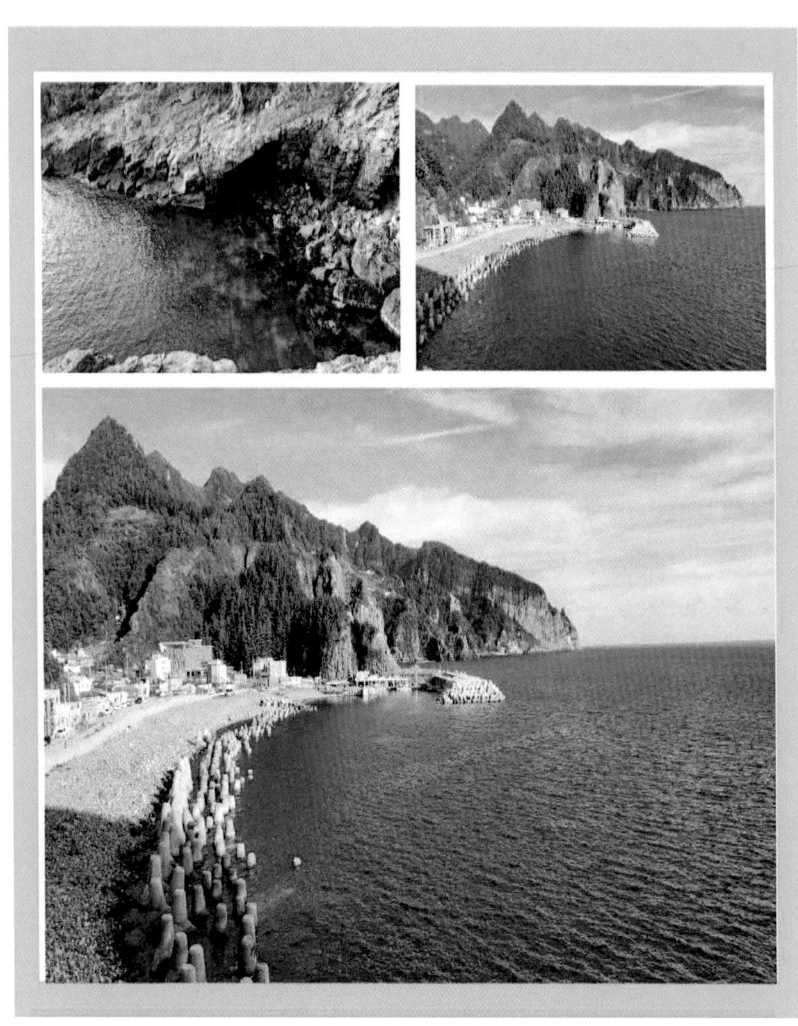

◈대풍감 전망대◈

경상북도 울릉군 울릉읍 서면 태하길 236

태하 해안 산책로를 걷다보면 마지막 끝부분에 등산로 같은 부분이 나온다. 그곳부터 가볍게 등산이나 산책한다는 기분으로 걷다가 보면 대풍감 전망대가 나온다.

아무래도 해안 산책로보다는 위치가 높다보니 경치가 한층 더 깊어 보인다. 미리 계획하고 간 것이 아니기 때문에 원피스에 샌들만 신고 갔다. 그렇게 올라도 험한 산은 아니어서 쉽게 오를 수 있었다.

위쪽에서 바라본 바다는 정말 말을 잇기가 힘들 정도로 아름답다. 특히나 일몰에 오면 해넘이를 제대로 감상할 수 있다.

태하 해안 산책로 및 대풍감(울릉도, 독도 국가 지질공원) 수려한 해안절경과 독특한 생태환경을 볼 수 있는 곳이다.

태하 해안산책로는 황토 굴 옆 교량을 올라가면 만날 수 있으며, 교량 벽면에는 태하마을 이야기 및 포토존으로 꾸며져 있다. 태하 해안 산책로는 조면암과 집괴암으로 이루어져 있고, 해풍에 의해 특이하게 침식된 지형이 발달하여 수려한 해안 절경을 자랑한다.

특히 이곳에는 타포니가 발달해 있는데, 해풍에 포함된 소금이 암석 틈으로 들어가 화학적 풍화작용으로 만들어진 벌집처럼 구멍이 생긴 지형을 말한다.

대풍감에 자생하는 향나무들은 주상절리, 즉 암석 틈이 풍화되어 만들어진 소량의 토양에 뿌리를 내려 자라면서 오랫동안 육지와 격리되어 독특한 생태환경을 이루었으며, 그 가치가 높아 천연기념물로 지정되었다.

<출처-대한민국 구석구석>

울릉도에서의 넷째날

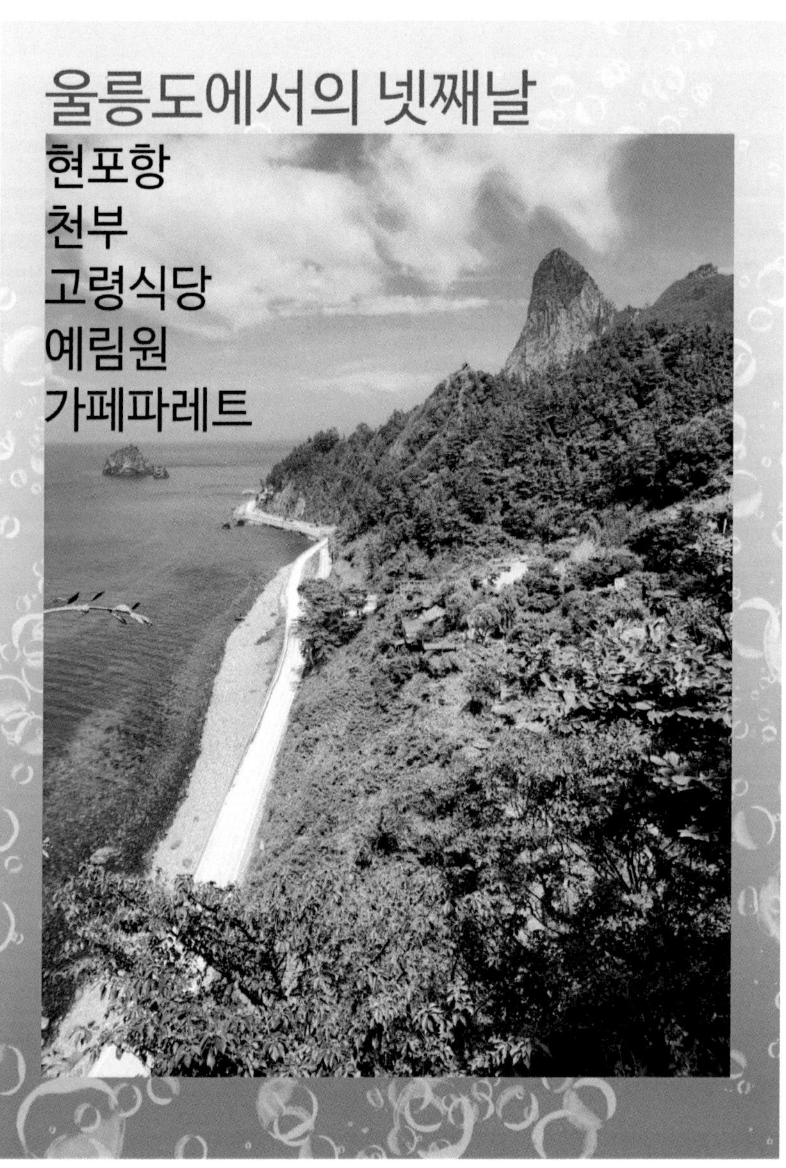

현포항

천부

고령식당

예림원

가페파레트

◈현포항◈

경상북도 울릉군 북면 울릉 순환로 2621

울릉도 차박 여행 4박 5일 동안 북쪽을 제외하고 동남서 이 세 곳은 많이 다닌 것 같다. 하지만 북부 쪽은 세 곳에 비해서 많이 다니지 못했는데, 넷째날 드디어 **현포항 - 천부 - 예림원** 이렇게 묶어서 다녔더니 동선도 아주 좋았고, 경치도 멋있어서 마지막 날을 잘 마무리한 느낌을 받았다.

현포항은 항구로 조용하고 한적하다는 느낌이 많이 들었다. 곳곳에 방파제와 유명한 바위가 많이 있으니, 잠시 차에서 내려서 감상해 보는 것도 좋을 듯싶다. 도동항이나 사동항 저동항에 비해서 아주 조용한 편이다.

현포항은 경상북도 울릉군 북면 현포리에 있는 항구로, 풍부한 수산 자원을 보유한 울릉도 근해의 어업 전진기지이다. 도동항에서 약 20km, 저동항에서 약 18km 떨어져 있다. 1971년 12월 21일 항구로 지정되었으며 1973년부터 개발되기 시작하였다.

2003년까지의 공사를 통해 조성된 시설은 방파제 985m, 물양장 355m, 호안 155m, 선양장 30m이다.

항구의 육역 면적은 1만 9,600㎡이며, 항구 서쪽의 북 방파제와 동쪽의 동방파제는 약 1km의 거리를 두고 서로 떨어져 있다. 현포항을 근거지로 하는 어업인구는 2003년 약 20 가구, 50명으로 어선들이 잡는 주요 어종은 오징어이다.

멀리 앞바다로는 공암(코끼리바위)이 떠 있고, 뾰족하게 솟은 송곳산과 노인봉이 배경처럼 펼쳐져 있는 아름다운 항구이다.

<출처-네이버 지식백과>

◈천부◈
경상북도 울릉군 북면 천부리

천부는 잠시 현포항과 예림원으로 가기 위해서 잠시 들른 곳이다. 점심을 먹기 위해 들렀는데 해중 전망대라는 곳이 보였다. 사람들이 많아서 그냥 멀리서 사진만 찍고 패스하였다. 다리를 건너기 전에 매표소에서 표를 끊고 가야 하는 곳이었다.

해중 전망대는 계단 아래로 내려가면 아쿠아리움같이 투명한 유리에서 물고기를 관람할 수 있는 곳이라고 설명이 되어있었다. 국내 유일하게 수심 6m 바닷속을 볼 수 있는 곳이라 한다. 아무래도 바닷속을 관람하는 것이기에 기상과도 밀접한 관계가 있을 듯하다.

▶천부 해중 전망대
경북 울릉군 북면 울릉순환로 3137

영업시간 매일 9:00~ 18:00

사용료>
어른 4000원
청소년·군인 3000원
어린이·경로우대 2000원

울릉도는 해양 기후에 따라 시시각각 변하는 곳이니 방문하기 전에 미리 전화해서 운영 여부를 확인할 필요가 있을 듯하다. 우리가 간 날은 화창해서 너무나 쨍 한 날이었지만, 너무 더워서 일정에서 뺐다.

◈고령식당◈

경상북도 울릉군 북면 천부길 5

배가 너무 고파서 여기저기 맛집을 찾아보았다. 천부에 맛집들이 많이 모여 있다는 걸 알았다. 신애분식이라는 곳은 따개비 칼국수 원조 맛집인데 테이블도 몇 개 없고, 웨이팅이 너무 길어서 패스했다.

울릉도까지 왔는데 먹은 게 너무 없는 것 같아서 따개비 칼국수를 먹기로 했다. 그래서 그리 멀지 않은 곳에 있는 고령 식당을 찾아냈다. 개인적으로는 신애 분식보다 넓고 깨끗해 보여서 더 좋았다. 할머니 사장님께서 인심도 넉넉하셔서 반찬도 후하게 주시고, 옆 테이블에 앉아계신 분께 잡채도 한 통 건네는 걸 보고 웃음이 절로 나왔다.

이게 시골 인심이구나 싶었다. 맛도 따개비가 소라 맛처럼 맛났다. 심심하면 간장 소스를 더해서 먹으면 된다.

◈예림원-울릉도 북면 자생 식물원 문자 조각공원◈

경상북도 울릉군 북면 울릉순환로 2744-2 A동

입장시간	매일 08:00~18:00
전화번호	054-791-9922
입장료	어른 5000원 초중고 4000원 경로/유공자, 장애인 4000원 만 3세미만 무료

울릉도는 섬 전체가 자연환경으로 이루어진 섬이라 어디를 가더라도 자연경관이 빼어나고 감탄을 자아내게 한다.

그래서 굳이 인공적으로 사람이 가꾼 것 같은 느낌이 드는 예림원에 가야 하나 잠시 망설였다. 한창 더운 날씨인 2~3시 사이에 가서 사람도 많지 않고, 내리쬐는 햇빛으로 인해 살짝 짜증이 났다.

너무 더워서 차에서 머물고 에어컨을 켜놓은 채로 잠시 쉬었다가 내리기로 했다. 20분 정도 차에서 쉬었다가 입장료 5천 원을 지불하고 예림원에 입장했다.

입장한 순간 잠시 망설였던 걸 후회했다. 다음에 다시 울릉도에 온다면 여기 예림원은 무조건 다시 와야 하는 곳이다.

여기저기 알차게 꾸며놓은 곳이 많았고, 꽃과 나무들이 정말 잘 가꾸어져 있었다. 소품들도 예뻤고, 사슴과 폭포도 있었다.

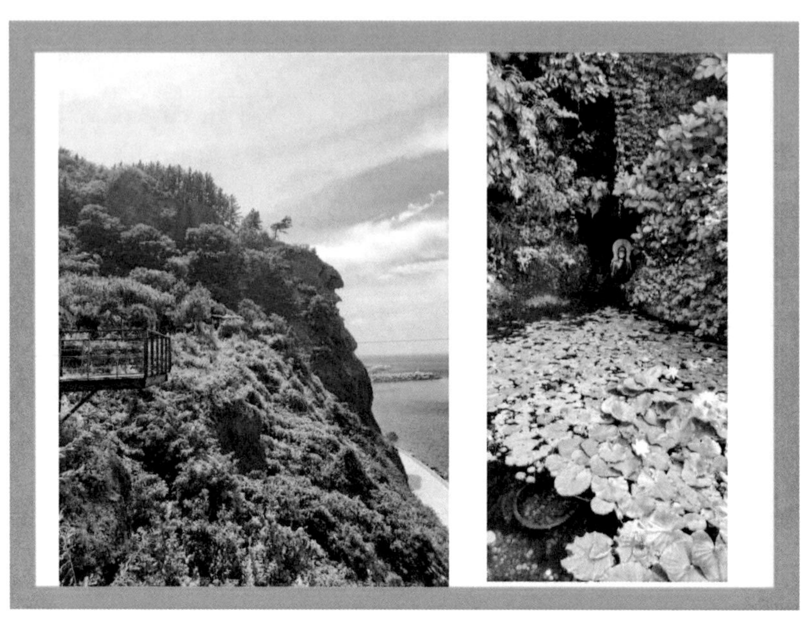

무릉도원이 따로 없었다. 액자 같은 포토존도 잘 꾸며져 있었고, 카페와 옛날의 부엌을 연상케 하는 카페 전망대도 멋졌다.

살짝 등산을 연상케 하는 전망대로 올라가는 길이 있기는 했지만, 오를 만한 높이여서 그리 힘들지 않았다.

다행히 그늘이 있어 쉽게 오를 수 있었고, 위에서 떨어지는 폭포수로 인해서 오히려 시원함을 느낄 수 있었다. 정상에 오르니 남서 전망대에서 느꼈던 소름이 다시 한번 돋았다.

이곳도 정말 경치가 끝내줬다. 현포항과 천부만으로 채워지지 않았던 허기가 여기에서 채워질 수 있었다.

이만하면 다 되었다' 라는 느낌으로 전망대에서 모든 것을 만끽하고 기분 좋게 내려올 수 있었다.

예림원을 내려가는 길도 예쁜 돌 구경도 많이 하고 연꽃과 이름 모를 꽃구경을 하느라 시간 가는 줄 몰랐다.

◈카페 파레트 PALETTE◈
경상북도 울릉군 북면 현포리 708-33

영업시간 매일 10:00~22:00
전화번호 054-791-0326

점심을 먹고 나니 하루 중 가장 더운 시간대다. 이럴 땐 다른 날과 마찬가지로 카페로 피신해서 시원한 에어컨 바람을 쐬며 자기 일을 하는 게 가장 바람직하다. 카페에서 울릉도 차박여행 관련 전자책을 준비하다 보니 시간이 어떻게 지나갔는지 몰랐다.

사진 정리하고, 여정을 정리하다 보면 시간이 금방 지나가 버렸다. 그러면서도 중간에 쉬는 시간도 필요해서 순간순간 바다도 감상하고, 이야기도 하면서 시간을 보냈다. 그래서 현포에서 가장 큰 카페인 파레트를 가기로 하다.

신기하게도 이때 점심 먹었던 고령식당의 할머니 사장님 가족이 이곳에 모두 모이셨다.

천부에도 커피숍이 많은데 굳이 이곳으로 오셨고, 또 우리를 만났다. 이거 인연 맞는 건가? 옷깃만 스쳐도 인연이라던데 울릉도에서 우연히 두 번을 만났으면 아마도 보통 인연이 아닌 것 같다. 다음에 울릉도에 다시오면 고령 식당과 파레트에는 또 들러야 할 것 같다.

울릉도에 와서 느낀 점은 제주도와는 달리 울릉도 관련된 캐릭터 상품을 많이 못 봤다는 아쉬움이 있었다. 그런데 이곳 카페 파레트에서 울릉도 키링과 티스푼 등 아기자기한 상품을 판매하고 있었다. 기념으로 구입도 하고 사진도 찍고 즐겁게 보냈다.

울릉도에서의 마지막 날

현포휴게소
나리분지
나리분지 야영장 식당
삼선암
와달리 휴게소
영덕 해맞이 공원

◈현포 휴게소◈

경상북도 울릉군 북면 울릉순환로 2586-5

영업시간 09:00~21:00
전화번호 0507-1490-0147

드디어 울릉도 차박 여행의 마지막 날이 왔다. 나리분지만을 남겨놓고 일정을 어느 정도 소화했다. 계획했던 곳을 거의 다녔다고 생각했는데 울릉도는 4박 5일로는 어림도 없다. 일주일 이상은 두고 천천히 돌아봐야 하는 곳 같다. 이번에는 뜨거운 여름에 왔으니, 다음에는 가을이나 겨울 쌀쌀한 기운이 돌 때 울릉도를 돌아보고 싶은 생각이 들었다.

울릉도를 다니면서 유일하게 휴게소라는 이름이 붙은 두 곳이 있었는데 드디어 오늘 두 곳을 들러 보기로 했다. 한 곳은 현포 휴게소이다.

이곳은 최초! 단 하나! 의 수식어로 불리는 휴게소로 울릉도 여행 중 최적의 쉼터를 제공하고 울릉도 오징어, 나물 등 특산품 매장을 운영하여 쉼터, 쇼핑, 먹거리 등을 원스톱으로 즐길 수 있는 곳이다. 그러나 우리가 익히 알고 있는 고속도로 휴게소와는 사뭇 다르니 미리 알고 가시길 바란다. 아마도 처음에는 그 규모에 조금 실망할 수 있다.

그러나 메뉴는 다양해서 중식과 양식 그리고 카페도 운영하고 있어서 식사와 디저트까지 한 곳에서 모두 마무리할 수 있다.

특히 이곳은 저녁의 일몰을 아름답게 감상하면서 음식을 먹을 수 있는 가장 큰 장점을 가진 곳이다.

◈나리분지◈
경상북도 울릉군 북면 나리

나리분지는 면적 1.5~2.0㎢, 남북 길이 약 2km이다. 울릉도에서 유일하게 평지를 이룬다. 성인봉 북쪽의 칼데라 화구가 함몰하여 형성된 화구원이다.

그 안에 분출한 알봉과 알봉에서 흘러내린 용암에 의해 다시 두 개의 화구원으로 분리되어, 북동쪽에 나리마을, 남서쪽에 알봉 마을이 있다.

분지 주위에는 외륜산으로 둘러싸여 있는데, 성인봉은 외륜산의 최고봉이자 울릉도 최고봉이다. 울릉도는 다설지로 겨울에는 3m 이상의 눈이 내리는 일이 자주 있다.

화구원저는 화산재로 덮여 있어 보수력이 약하기 때문에 밭농사 할 뿐, 논농사는 불가능하다.

그런 이유로 주민 중에는 외지로 이사를 하는 경향이 있다.

본래는 개척 당시부터 울릉도의 특유한 자연조건에 맞추어 지은 가옥 구조인 너와 지붕을 한 우데기 집이 많았으나, 이후 실시된 주택개량사업에 의해 최근에는 거의 찾아볼 수 없다. 근래에는 관광 붐을 타고 이곳에는 찾는 관광객의 수가 늘고 있다.

<출처-두피디아>

나리분지에 도착하여 주차하고 보니 마지막 날에 돌아보고 가리라는 내 생각에 큰 오류가 있었다는 사실을 인정했다.

규모가 그 정도로 끝나는 곳이 아니었고, 이곳에서만 2박 이상을 하면서 둘러보아도 부족하겠다는 생각이 들었다.

나리분지에 있는 어린이 놀이터에서 정말 재밌는 놀이기구가 많아서 재미있게 한참 놀았고, 산책하면서 시간을 보냈다.

시간이 부족해서 알봉 둘레길을 가보지 못한 것이 아주 아쉬웠다.

알봉 둘레길은 나리분지 북서쪽에 위치하는 해발 538m의 작은 이중화산으로 2시간 정도 소요가 되는 곳이다.

나리분지는 실제로 나리꽃이 많아서 이름 지어진 곳이다. 나리꽃이 심심치 않게 보이기는 했지만, 야영장 식당 사장님 말씀으로는 주황색 나리꽃은 외래종이고 울릉도 나리꽃은 빨리 지는 편이라 지금은 거의 볼 수 없다고 하셨다.

다음번 여행은 나리분지부터 오는 것으로 계획을 해야겠다.

◈나리분지 야영장 식당◈
경상북도 울릉군 북면 나리길 591

울릉도에서 마지막 식사는 나리분지에서 하기로 했다. 야영장 식당이다. 야외의 나무 그늘에서 앉아서 먹는 식사는 그야말로 꿀맛이었다. 산채비빔밥과 오징어 부침개을 주문하여 먹었는데 맛이 끝내줬다.

여기에도 마찬가지로 김치는 없었다. 명이나물을 오징어 부침개에 싸서 먹는데 이색적이고 좋았다. 평상시에 잘 먹지 못하는 나물들이 반찬으로 나오니 좋았다. 반찬도 자극적이지 않고 심심면서 괜찮았다. 나의 입맛도 참 많이 바뀌었다. 예전엔 자극적인 음식만 찾아다녔는데 이제는 이런 건강한 음식이 좋다.

야영장식당

◈삼선암◈

경상북도 울릉군 북면 천부리

천부리 앞바다에 있는 기암으로 울릉도 3대 비경 중 하나로 꼽힌다. 옛날 하늘나라의 세 선녀가 울릉도에 내려와 목욕하곤 했는데 하루는 옥황상제가 걱정되어 하늘나라에서 가장 훌륭한 장수와 날쌘 용을 딸려 보냈다.

선녀들이 시간 가는 줄 모르고 목욕하다가 돌아갈 시간이 되었는데 막내 선녀가 보이지 않았다. 그때 막내 선녀는 함께 온 장수와 눈이 맞아 정을 나누고 있었다고 한다. 결국 이 사실을 알게 된 옥황상제가 노하여 세 선녀를 바위로 만들어 버렸는데 나란히 서 있는 바위가 두 언니이고, 홀로 떨어져 있는 작은 바위가 막내라 한다.

막내에 대한 옥황상제의 노여움이 가장 깊었던 만큼 다른 바위와 다르게 이 바위에는 풀 한 포기 나지 않고, 외로이 떨어져 서 있다 한다.

막내 바위는 일선암이라 하며 가운데 부분이 갈라져 있어 가위 바위라고도 불리고, 다른 두 바위는 이선암, 삼선암이라 하며 합쳐서 부부 바위라고도 부른다.

북면 천부리에서 울릉읍 도동리로 가는 뱃길에서 가장 물결이 거센 곳이 삼선암 부근인데, 1년에 한 번씩 처녀를 용왕에게 바치는 풍습이 있었다는 이야기도 있다.

울릉도에서 물빛이 가장 곱고, 섬과 바위가 빚어내는 절경이 펼쳐지는 곳이 북면 일대로, 북면의 육상 관광 코스는 현포항~ 현포해양박물관~~공암(코끼리바위)~천부항~나리분지~죽암몽돌해변~딴바위~삼선암~선창이며, 쌍굴이 있는 관음도도 북면에 있다.

여행을 마무리하기 위해 울릉도 사동항 가는 길에 만난 삼선암이다. 차들이 많이 주차되어 있었고, 단체로 버스를 타고 오는 사람들도 많이 있었다. 잠시 지나는 길에 들른 삼선암은 정말 하늘빛, 물빛이 예술이었다.

전해 내려오는 이야기에 맞추어 바위가 바다 위에 세 개가 덩그러니 있는 모습이 보였다. 어찌보면 이야기를 짜 맞춘 느낌도 있었지만 모를 때보다 알고 보니 더 재밌었다.

막내 선녀가 떨어져 있다고 하더니 정말로 홀로 떨어져 있는 일선암이 유난히 더 외로워 보였다.

전설에 의하면 이 바위의 빼어난 경치에 반한 세 선녀가
이곳으로 자주 목욕을 하고 하늘로 올라가곤 했는데
한 번은 놀이에 열중하다가 올라갈 시간을 놓쳐
옥황상제의 노여움을 사서 세 선녀가 바위로
변했다고 한다

◈와달리 휴게소◈
경상북도 울릉군 북면 저동리 233-4

울릉도 해안도로를 달리다 보면 많은 터널이 나온다. 그중에 와달리 터널을 지나면 휴게소가 하나가 나온다. 이곳도 마찬가지로 고속도로 휴게소인 줄 알았다. 하지만 기타도로시설이다.

휴게소가 있는 방향이라면 그대로 들어가면 되지만, 건너편이어도 상관없다. 아래로 통하는 지하터널이 있어서 건너가면 된다. 주차장 규모가 상당히 크고 이곳에서 차박을 하는 분들이 많은 것 같다. 이곳에서는 특히 죽도가 보이는 뷰여서 경치도 끝내준다.

다만 아쉬운 점은 화장실이 저녁 6시 이후에 폐쇄가 된다는 점이다.

그렇다는 건 차박이 막혔다는 것인데, 사용하시는 분들이 제대로 활용을 못해서 그런 것은 아닐까 하고 추측해 본다. 이럴 때 정말 안타깝다.

◈영덕 해맞이 공원◈
경상북도 영덕군 영덕읍 대탄리

울릉도 사동항에서 3시 30분에 출발하여 후포항에 도착하니 시간이 8시 45쯤되었다. 너무 늦은 시간이라 집까지 갈 엄두가 나지 않아 처음 출발했던 영덕 해맞이 공원에서 1박을 하기로 했다. 해돋이를 보고 가기로 한 것이다.

후포항에서 영덕 해맞이 공원까지는 34km로 30분가량 걸리는 거리에 있어서 부담 없이 출발했다. 늦은 시간에 도착해 보니 차도 많지 않고 바로 취침할 수 있었다. 새벽 5시 30분에 일출을 볼 수 있다고 했는데, 5시에 기상해서 해 뜨기만을 기다렸다. 이번 여행은 행운의 연속이었다.

오랜만에 본 일출 중에서도 이렇게 깨끗하게 떠오르는 태양을 본 적이 없었던 것 같다. 마무리까지 정말 잘하고 오는 것 같아 기분이 정말 좋았다.

◈여행을 마무리하며◈

와달리 휴게소를 끝으로 우리의 4박 5일간의 울릉도 차박여행의 모든 일정은 마무리되었다. 사도항에서 3시 30분에 출발하는 배편이었지만 항구에 1시까지 가면 되는 일정이었다. 아침 일찍부터 서두른 탓에 사도항에 11시 20분에 도착하였다.

시간이 한참 남아 있어서 마지막에 카페에 들러 여행 일정을 마무리하려고 하였다. 그런데 뭔가 싸~한 이 느낌은 뭘까? 노트북이 보이지 않았다. 마지막의 기억을 더듬어 올라가니 나리분지의 야영장 식당에서 식사하고 두고 온 것이 기억났다. 급하게 전화하니 사장님께서 잘 보관해 두었단다. 아직 1시간 30분이 남은 시간, 다시 나리분지를 다녀오면 에누리 없이 딱 맞는 시간이었다.

시간이 남는다고 여유를 부리던 조금 전 상황과는 정반대의 긴박한 상황. 순간 웃음이 나왔다. 여행에서는 마지막까지 긴장의 끈을 놓아서는 안 되나보다. 모든 것이 너무 완벽하고 순조롭다고 생각했다. 대미를 이렇게 장식할 줄이야.

내가 이렇게 정신력이 흔들리고 있는데, 옆에서 솔뫼님이 나긋한 목소리로 나의 멘탈을 잡아주셨다. "샘, 우리가 울릉도 떠나기 너무 아쉬워하니깐 다시 한번 돌아보라고 기회를 더 주는 것 같네. 시간 충분하니깐 구경 한 번 더 하고 옵시다." 어찌나 안심되고 든든한 말이었는지 모른다.

다시 파이팅을 외치며 나리분지로 향했다. 노트북에 담겨있는 모든 자료-쓰고 있던 전자책, 공부방 컨설팅자료, 수업자료 등-을 생각하면 지금도 아찔하다. 무사히 노트북을 다시 찾았다.

노트북을 받아 들고 가벼운 발걸음으로 돌아오는 울릉도 해안도로는 또 어찌나 예쁘던지. 4박 5일이 정말 순식간에 지나가 버린 느낌이다. 비록 얼굴과 팔등이 햇볕에 그을려서 촌스럽게 변해서 오긴 했지만, 아직도 울릉도를 생각하면 이야기할 보따리가 산더미인 게 너무나 행복하다.

주말 동안 아무것도 안 하고 쉬고 있는데 심심치 않게 울릉도에 대한 TV프로가 나온다. 한번 갔다 왔지만, 전자책을 쓰고 나니 어디를 보더라도 단박에 알아보는 눈썰미가 생겼다.

이렇게 여행에 대한 추억을 머릿속으로만 저장하는 것이 아니라 책으로 기록으로 남겨놓은 것이 정말 다행이라는 생각을 해본다. 앞으로 이러한 패턴이 계속 이어지기를 소망하면서 여행을 마무리한다.

2023. 무더웠던 여름을 추억하며 봄샘

울릉도 번외편

울릉도 도서관
해바라기밭

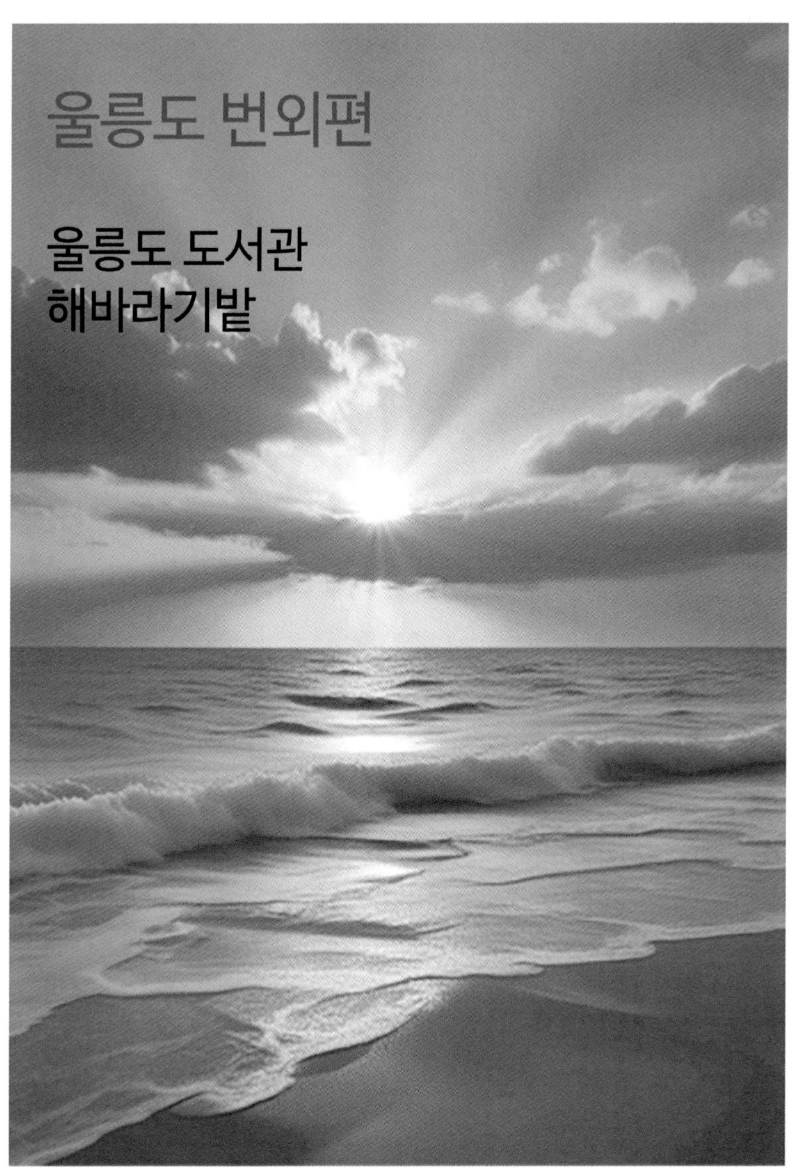

◈울릉도 도서관◈
경상북도 울릉군 울릉읍 봉래길 128-4

운영시작 09:00~18:00(자료실)
토요일만 17:00
09:00~21:00(열람실)
매주 월요일 정기 휴무
전화번호 054-791-2294

나는 여행을 가면 그 지역에 도서관을 시간이 나면 가는 편이다. 도서관의 분위기를 보러 가기도 하고, 시간이 남을 때에는 책을 읽으러 가기도 한다.

이번에 울릉도 도서관은 봉래폭포를 다녀오면서 잠시 들렀다. 저동 초등학교 운동장을 지나면 절대로 있을 것 같지 않은 곳에 있다.

저동 초등학교와 병설 유치원 사이에 자리 잡은 도서관이다. 조금은 규모가 작아서 책이 별로 없는 건 아닐까 걱정했는데 웬걸? 책이 너무 넘쳐서 열람실 밖 계단에 진열이 되어 있을 정도로 차고 넘쳤다.

책장 간격도 다른 도서관에 비해서 좁고 책도 상당히 많이 구비되어 있었다. 요즘 책들도 많이 있었고, 특히나 큰 글자 책도 큰 도시에도 별로 없는데 이곳 울릉도 도서관에는 꽤 많이 있어서 놀랐다.

울릉도에는 서점이 없다고 한다. 그래서 도서관이 책을 읽는 사람들에게는 없어서는 안 될 그런 소중한 장소인 것 같다.

울릉도서관
800

◈해바라기 꽃밭◈
경상북도 울릉군 서면 학포길 태하마을

울릉도 학포로 가는 길에 태하마을이라는 곳이 있다. 그곳에 우연히 해바라기 꽃밭을 만났다. 얼마나 예쁜지 그냥 지나칠 수 없을 정도였다. 하지만 도로가 협소해서 차가 다니지 않는 시간에 일부러 맞추어 새벽에 갔다.

안 갔으면 정말 큰일 날 뻔했다. 태어나서 이렇게 많은 해바라기를 본 적이 없다. 해바라기뿐만 아니라 다른 꽃들도 함께 피어있고, 뒤의 산은 병풍처럼 버티고 서서 그저 꽃의 배경이 되어줄 뿐이었다. 울릉도 여행을 다니면 다닐수록 그 매력이 넘쳐나니 큰일 났다. 우연히 놀러 왔다가 눌러 앉았다는 사람들의 얘기가 빈말이 아님을 이해할 수 있었다.

에필로그

이번 울릉도 차박 여행을 준비하면서 처음부터 전자책을 쓰기로 계획하고 출발했다. 이렇게 살짝 방향을 틀고 생각하였더니 여행에 대한 나의 자세도 바뀌는 것을 느낄 수 있었다. 하나도 허투루 보내는 시간이 없었고, 작은 것 하나에도 기록해야겠다는 생각이 머리를 떠나지 않았다. 그러다 보니 지역이나 지명에 대한 유래, 역사에 대해서도 관심 있게 보게 되고, 좀 더 깊이 있게 알고자 노력을 한 것 같다. 이번 울릉도 여행이 나에게는 터닝포인트가 된 계기가 되었다. 그 어떤 여행을 가더라도 이제는 자신감 있게 주도적인 태도로 임해야겠다.

이번 차박 여행의 강점은 울릉도에 대해서
자신감 있게 이야기할 수 있을 정도로 많이 알게 되었다는 것이다. 그날의 여정을 저녁에 매일 사진과 글로 정리하고 또다시 전체적으로 다시 맞춰보고 확인하는 작업에서 온전히 내 것이 되었음을 알 수 있었다.

생각해 보니 여행에 관한 것뿐 아니라, 다른 일련의 것들도 이처럼 한다면 못 할 것이 없겠다는 생각도 들었다. 1년 중 가장 더웠던 날에 왔던 울릉도를 이제는 서늘하고 쌀쌀한 기운의 울릉도로 여행 올 것을 다시 한번 꿈꿔본다. 꿈은 이루어지는 것을 체득하였기에 그때가 멀지 않음을 믿는다.

이 책을 발행하고 나면 기존의 차박에 대한 왕초보를 위한 차박 관련 책도 내야겠다는 생각을 해본다. 요즘 이처럼 계속 생각의 확장이 되어가고 있는 것은 여행을 통해 긍정적으로 생각이 바뀌어 가고 있다는 증거라고 생각한다. 이렇게 여행을 할 수 있는 상황과 허락된 건강, 그리고 떠날 수 있는 용기가 있어 감사하다.

정새봄

인스타 http://instagram.com/bomsaem_writer

블로그 http://blog.naver.com/toqha416

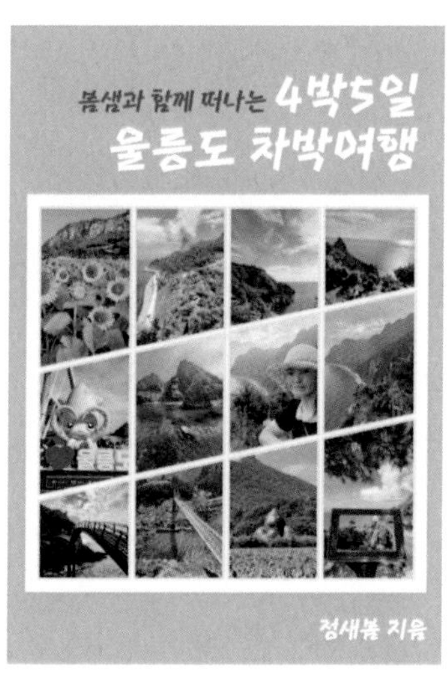

봄샘과 함께 떠나는 4박 5일 **울릉도 차박 여행**

발　행 | 2023년 09월 19일
저　자 | 정새봄

펴낸이 | 한건희
펴낸곳 | 주식회사 부크크
출판사등록 | 2014.07.15.(제2014-16호)
주　소 | 서울특별시 금천구 가산디지털1로 119 SK트윈타워 A동 305호
전　화 | 1670-8316
이메일 | info@bookk.co.kr

ISBN | 979-11-410-4517-3

www.bookk.co.kr